爱自然巧发现

多样的植物种子

（日）多田多惠子●著

张梦思　雨晴●译

中国林业出版社

目录

 序章　奇妙又有趣的树木果实

第一章　街道上的树木果实

第二章　大自然中的树木果实

第三章　草木果实各种有趣的利用

本书的使用方法

· 银杏科①　　· 落叶乔木②

· 街道和公园③　　· 动物传播④

· 花期…4～5月、果熟期…11月⑤

① 植物所属的科名
　（）中的是新分类的科名
② 植物的大小和叶片的种类
③ 生长的地方
④ 种子的传播方式
⑤ 开花的时期、结果的时期

……此标志表示该照片为实物大小。

一些根据形态学原则应属于果实、但一般以种子形态出现的，在本书中记作“种子”。

树木果实160

看到树木的果实或者种子的话，就拿起来研究研究吧！颜色是？名字是？特征是？

全缘冬青 p.61

日本四照花 p.70

杨梅 p.27

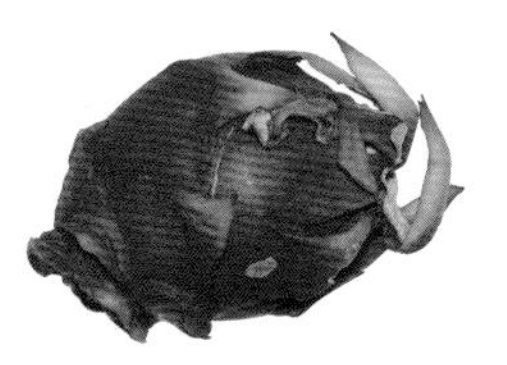
火龙果 p.123

罗汉松 p.23

海州常山 p.107

野鸦椿 p.103

珊瑚树 p.80

花椒 p.118

山桑 p.89

桑葚 p.89

美洲商陆 p.114

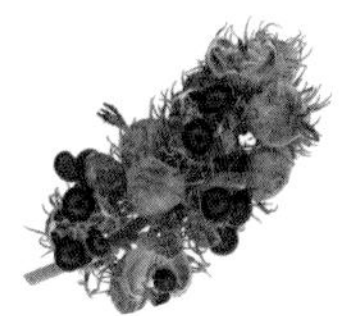
野梧桐 p.51

天仙果 p.88

樟树 p.35

棕榈 p.81

红楠 p.36

日本女贞 p.75

中国女贞 p.75

青荚叶 p.106

柃木 p.41

糙叶树 p.29

野漆 p.57

八角金盘 p.71

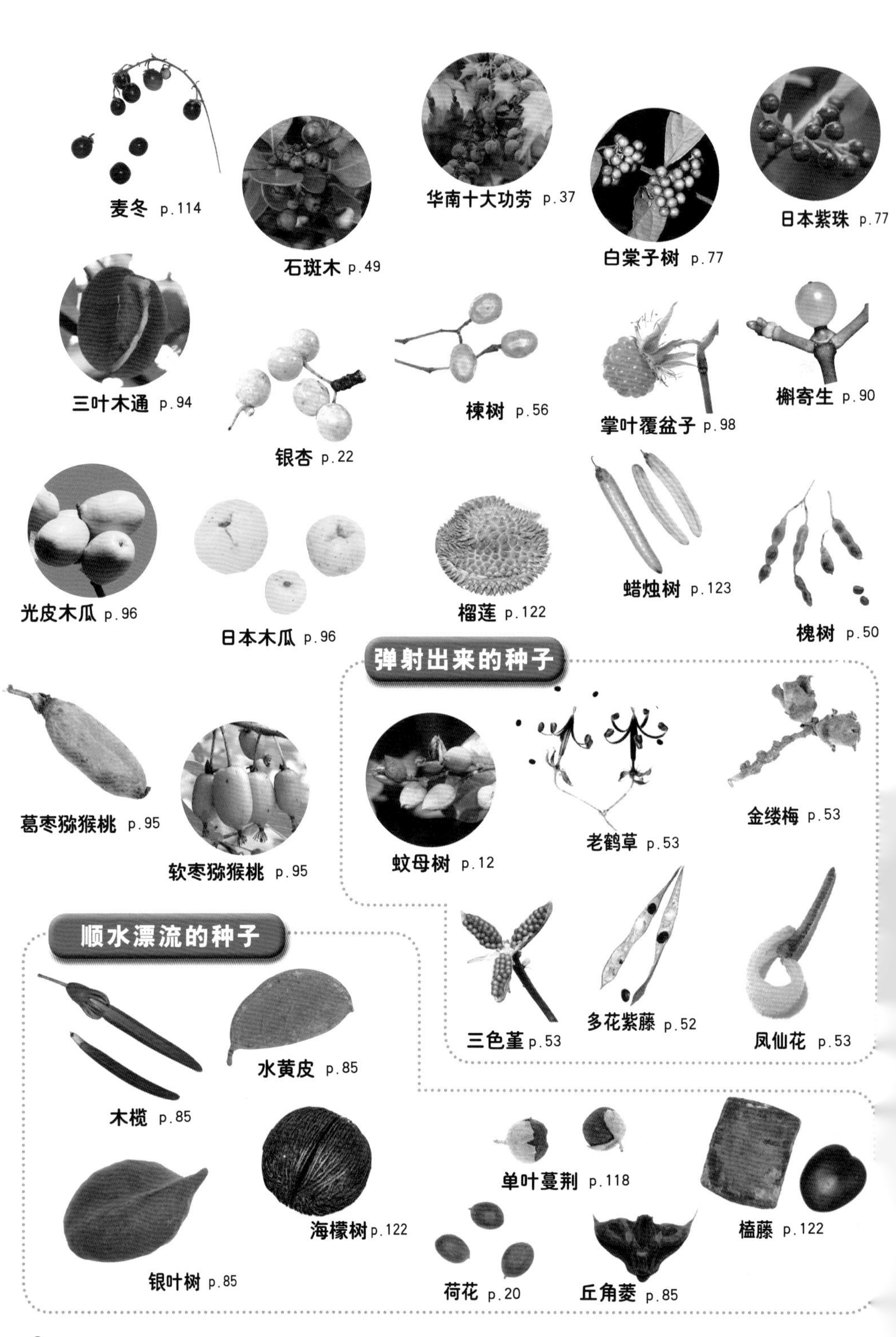
麦冬 p.114
石斑木 p.49
华南十大功劳 p.37
白棠子树 p.77
日本紫珠 p.77
三叶木通 p.94
银杏 p.22
楝树 p.56
掌叶覆盆子 p.98
槲寄生 p.90
光皮木瓜 p.96
日本木瓜 p.96
榴莲 p.122
蜡烛树 p.123
槐树 p.50
弹射出来的种子
葛枣猕猴桃 p.95
软枣猕猴桃 p.95
蚊母树 p.12
老鹳草 p.53
金缕梅 p.53
三色堇 p.53
多花紫藤 p.52
凤仙花 p.53
顺水漂流的种子
木榄 p.85
水黄皮 p.85
海檬树 p.122
单叶蔓荆 p.118
榼藤 p.122
银叶树 p.85
荷花 p.20
丘角菱 p.85

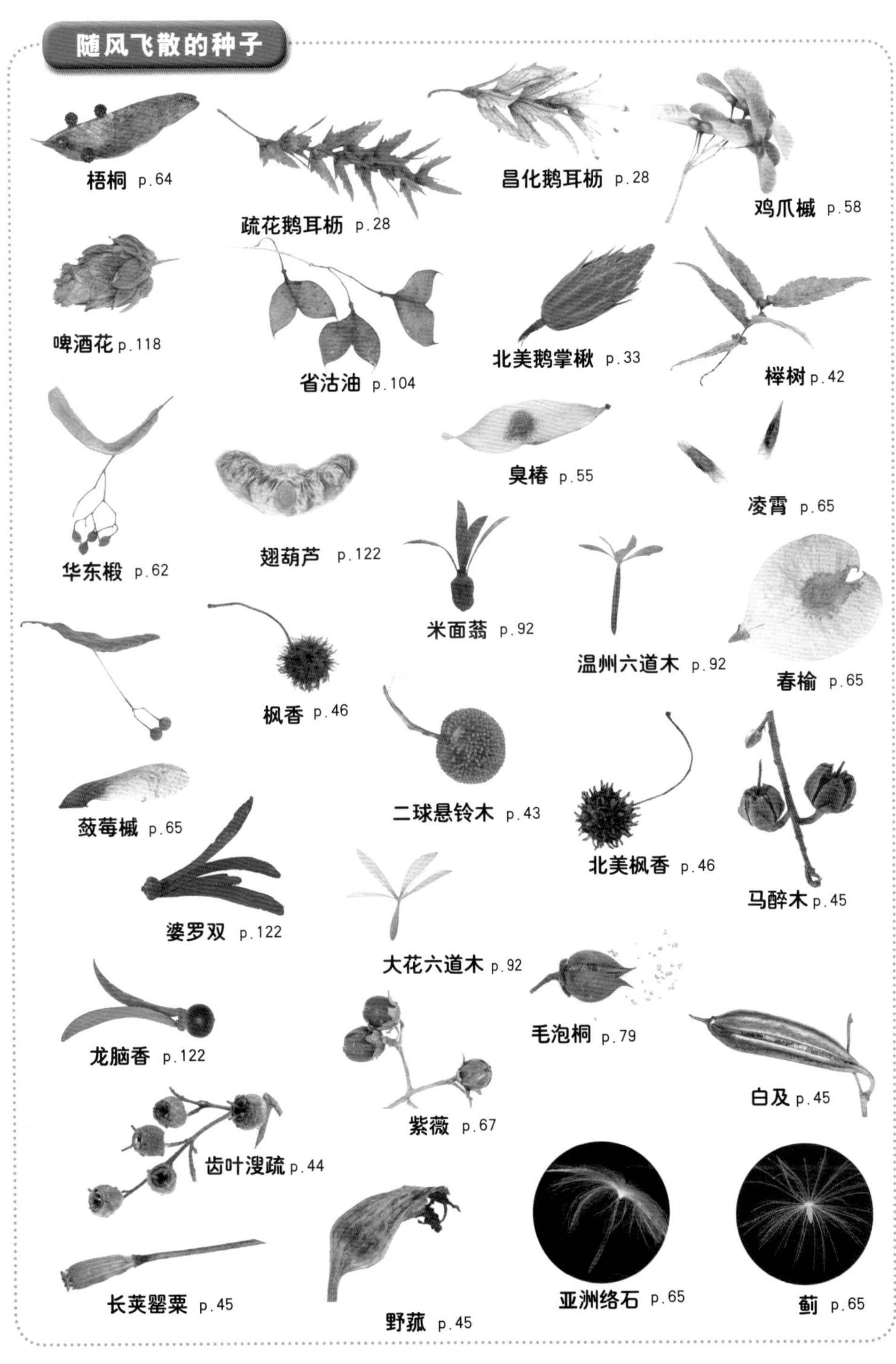
随风飞散的种子
梧桐 p.64
疏花鹅耳枥 p.28
昌化鹅耳枥 p.28
鸡爪槭 p.58
啤酒花 p.118
省沽油 p.104
北美鹅掌楸 p.33
榉树 p.42
华东椴 p.62
翅葫芦 p.122
臭椿 p.55
凌霄 p.65
米面蓊 p.92
温州六道木 p.92
春榆 p.65
枫香 p.46
二球悬铃木 p.43
北美枫香 p.46
马醉木 p.45
茶藨槭 p.65
婆罗双 p.122
大花六道木 p.92
毛泡桐 p.79
龙脑香 p.122
紫薇 p.67
白及 p.45
齿叶溲疏 p.44
长荚罂粟 p.45
野菰 p.45
亚洲络石 p.65
蓟 p.65

野茉莉 p.72

梓树 p.108

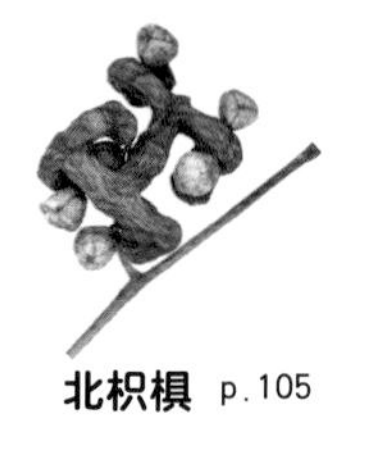

北枳椇 p.105

欧洲七叶树 p.73

老鼠芳 p.123

角榛 p.87

茶树 p.73

日本七叶树 p.60

班克西木 p.123

桉树 p.123

乌桕 p.54

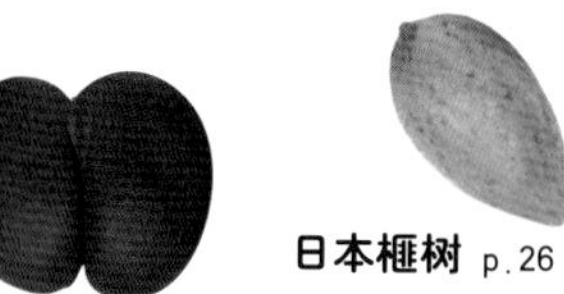

日本榧树 p.26

海椰子 p.122

香苹婆 p.122

无患子 p.59

山茶 p.40

日本桤木 p.86

坚果

胡桃楸 p.84

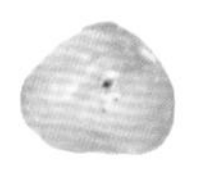

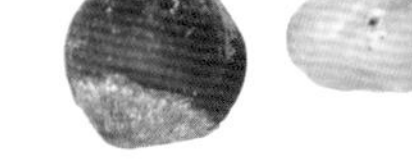

欧榛 p.119

扁桃 p.119

美洲山核桃 p.119

腰果 p.119

花生 p.119

开心果 p.119

山核桃 p.123

澳洲坚果 p.119

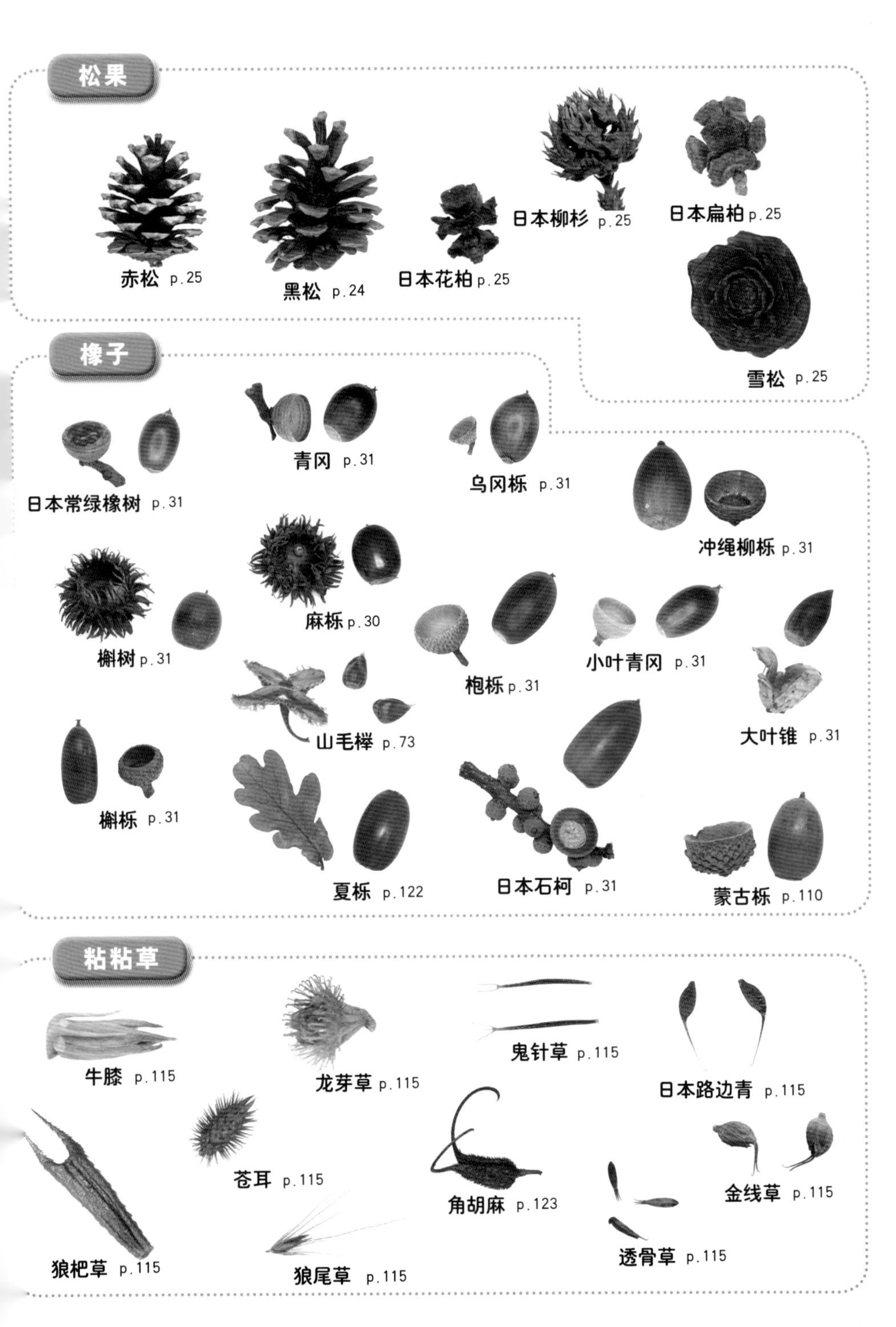
松果
赤松 p.25
黑松 p.24
日本花柏 p.25
日本柳杉 p.25
日本扁柏 p.25
雪松 p.25
橡子
日本常绿橡树 p.31
青冈 p.31
乌冈栎 p.31
冲绳柳栎 p.31
槲树 p.31
麻栎 p.30
枹栎 p.31
小叶青冈 p.31
大叶锥 p.31
山毛榉 p.73
槲栎 p.31
夏栎 p.122
日本石柯 p.31
蒙古栎 p.110
粘粘草
牛膝 p.115
龙芽草 p.115
鬼针草 p.115
日本路边青 p.115
苍耳 p.115
角胡麻 p.123
金线草 p.115
狼杷草 p.115
狼尾草 p.115
透骨草 p.115

小专栏

这是果实吗？虫瘿！

这个东西看上去像是长在树枝上的果实，但总觉得哪里怪怪的。

在金缕梅科蚊母树的树枝上，有时候会长出一些长达7厘米的大颗果实般的物体。枯萎之后掉在地上一看，上面有个圆形的小洞，里面完全是空的。这到底是什么呀？！

虫瘿，是植物的枝条和叶子因为被蚜虫或瘿蜂等昆虫寄生而长成的瘤状物，是由于昆虫注入的化学物质扰乱了植物的生长而形成的异常构造。昆虫会藏身于虫瘿之中，一边啃食果实的柔软果肉，一边躲避鸟类或肉食性昆虫的捕猎，安全地生活成长。等到了一定的时期，长大为成虫的昆虫就会爬出虫瘿，留下一个离开时钻出来的小孔。

不同种类的植物上产生的虫瘿形状是各不相同的。而且，就算同样是蚊母树，由于蚊母树上会寄生有几种蚜虫，不同种类的蚜虫会在蚊母树上造成不同的虫瘿。野茉莉（p.72）和荚蒾（p.109）的虫瘿也很有趣。还有一些虫瘿颜色很漂亮呢。

若捡到蚊母树的虫瘿试着对着小孔吹气，会发出像陶笛一样的声响。以前的小孩子经常会这样吹着玩呢。龙猫在树上吹奏的笛子，应该就是这个吧。

▲ 掉落在地上的蚊母树的虫瘿。那个圆孔是虫子的钻出口。把嘴唇贴在这个小孔上吹气就会发出声响。

◀ 蚊母树上的虫瘿①。大小约为5厘米。

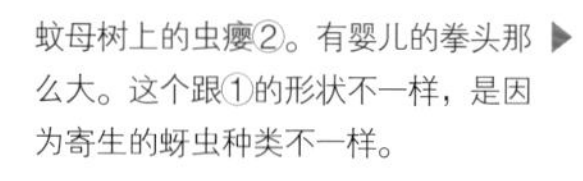

蚊母树上的虫瘿②。有婴儿的拳头那么大。这个跟①的形状不一样，是因为寄生的蚜虫种类不一样。▶

▲ 这是蚊母树真正的果实。成熟后会裂开，跟金缕梅（p.53）一样种子会被弹射出去。

序章
奇妙又有趣的
树木果实

来认识一下树木的果实吧

花的构造

樱花的构造

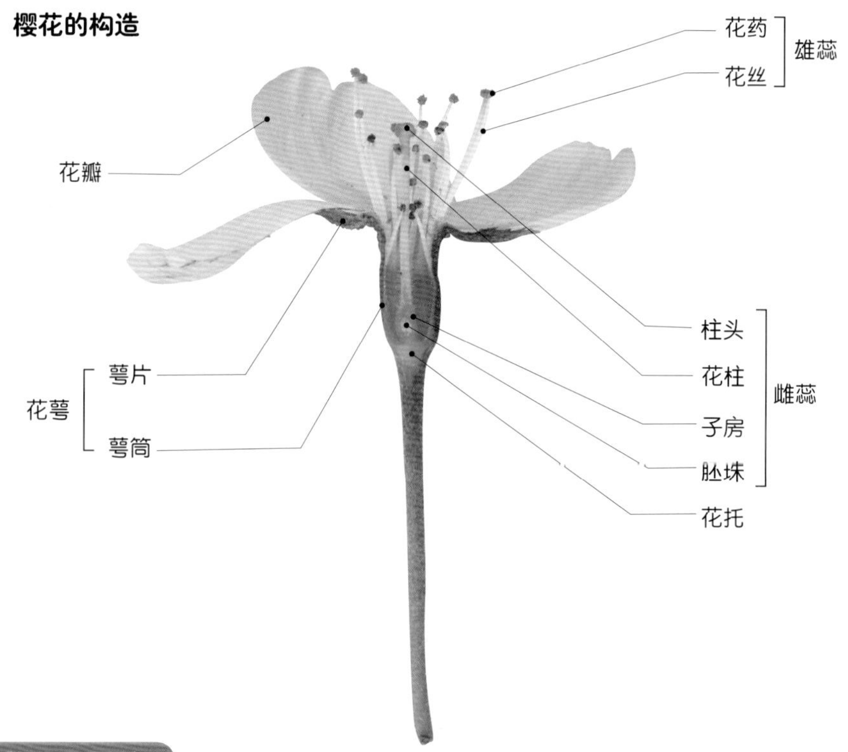

从花到果实

植物为什么要开花呢？结出果实、孕育出种子，这就是植物开花的目的。

花粉一旦附着在雌蕊的柱头上，就会萌发出一根又细又长的管子（花粉管），花粉管在雌蕊的花柱中延伸，最后到达子房的胚珠。这时花粉管中的精子就会进入到胚珠里与卵细胞结合。之后，子房就会发育成果实啦。

来观察一下树木的果实吧

树木果实的构造

在生活中，我们会吃到许多种类的树木果实。但是，被我们吃进肚子的不仅仅是果实和种子的部分哦，有一些其实是变形的花萼或者花托等等。

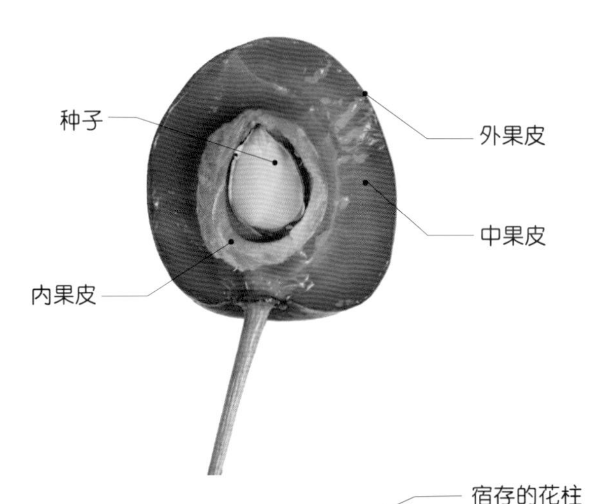

樱桃　果实（核果）

花谢后子房膨大。子房外侧的子房壁发育成果皮，分为3层，外果皮长成红色的表皮，中果皮长成果肉，内果皮长成果核的外壳。樱桃和桃子的果核并不仅仅是种子，还是被坚硬的内果皮包裹着的种子（核）。这样动物把果实吃下去之后就很难把种子消化掉了。

宿存的花柱
外果皮
中果皮
内果皮
种子
萼片

柿子　果实（浆果）

花谢之后子房膨大。果蒂就是花萼。外层的皮是外果皮，果肉是中果皮。内果皮是种子周围那些半透明的部分，可以让种子变得滑溜溜的，从而躲过动物们的利齿。

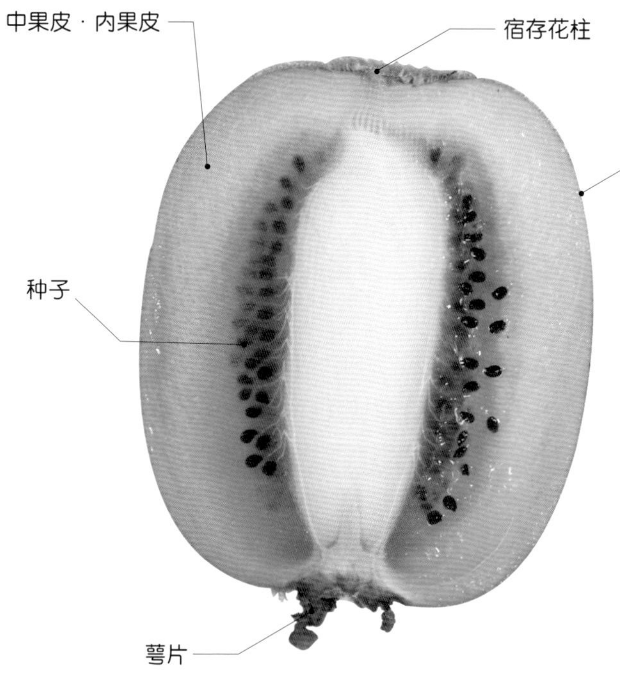

奇异果　果实（浆果）

花谢后，子房膨大。最外层毛茸茸的皮就是外果皮。中果皮和内果皮都长成了绿色的水嫩果肉，中间排列着许多小小的种子。中央的白色部分其实是残留下来的给种子输送营养的胎座。仔细观察就会看到有一些细小的维管束（输送水分和营养的管道系统）伸到种子里去。

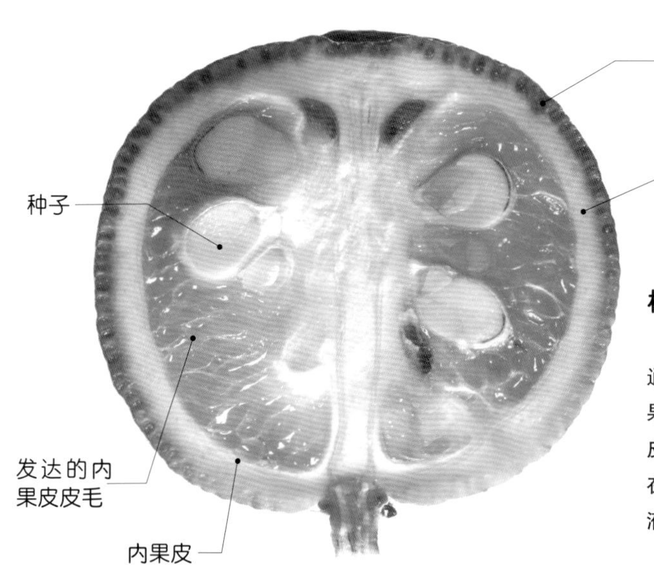

柚子　果实（柑果）

我们在吃柑橘类果实的时候，通常会把外果皮和白色海绵状的中果皮剥掉。中间是分成几瓣的内果皮。我们吃进肚子里的，其实是长在内果皮内侧的皮毛因为储存了汁液而膨胀起来的部分。

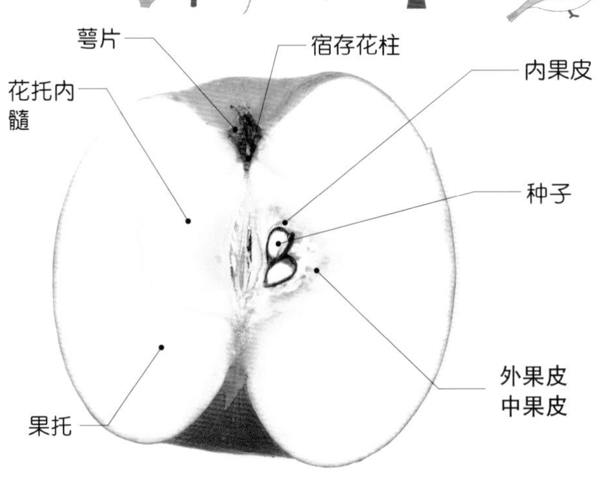

苹果　假果（梨果）

苹果和梨其实不是真正的果实，而是由花的底端部分（花托）包裹着几个子房发育膨大而成的假果，也就是说，果芯的部分才是由子房发育而成的果实。果柄对侧的凹陷处还可以看到残存的萼片和雌蕊花柱。由花托发育而成的部分就称为果托。

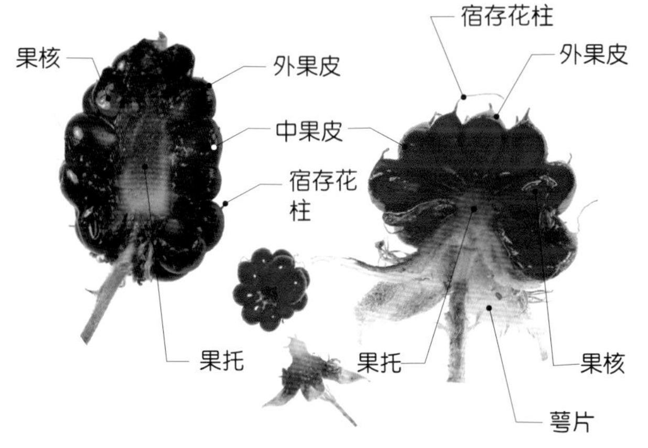

覆盆子、茅莓

聚合果（聚合核果）

看上去是一整颗的果子，其实是很多果实的集合体。开花之后花托的部分会膨大起来，然后在上面长出许多小果实（核果）。每个小颗粒就是1个果实，中果皮软化成接近液体的形态，种子被硬硬的内果皮包裹着成为了果核。

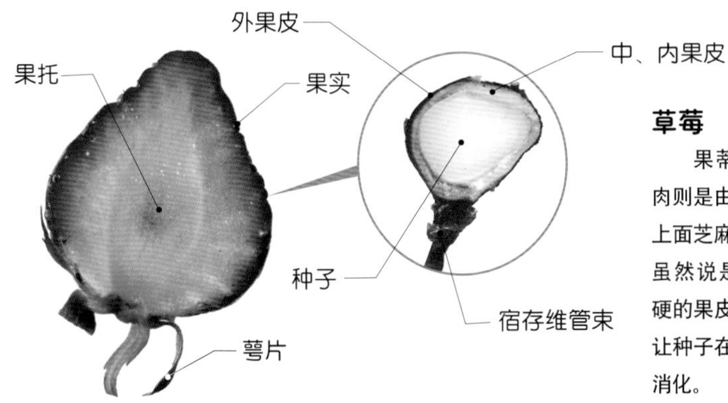

草莓　聚合果（聚合瘦果）

果蒂是花萼。食用部分的果肉则是由花托发育而成的。而果肉上面芝麻点般的小颗粒就是果实啦。虽然说是果实，但它那又薄又坚硬的果皮会紧紧包住种子（瘦果），让种子在被动物排出体外之前不被消化。

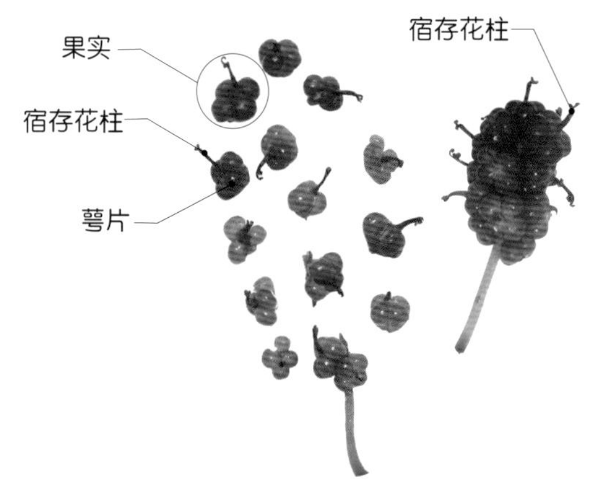

桑葚　聚花果

跟茅莓很相似，但并不是由一朵花长成的，而是由一个花序（花的集合）发育而成的果实的集合体（类似聚合果）。可食用部分不是子房，而是萼片膨大而成的果肉，也属于假果的一种。伸出在外面的黑色小须是残留的雌蕊花柱。

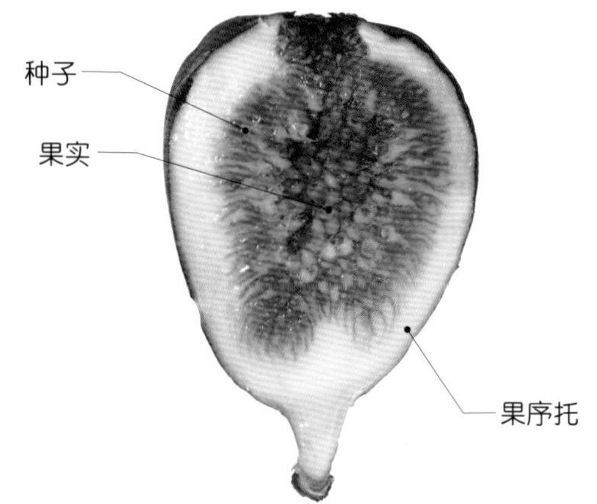

无花果　聚花果（隐头果）

支撑花序的花序轴膨大长成壶形，把果实都紧密地包裹在里面——这就是无花果的形态结构。里面的每个小颗粒就是一个果实，中间有一颗种子。食用部分就是撑起各个小果实的整个底座部分（果序托）。

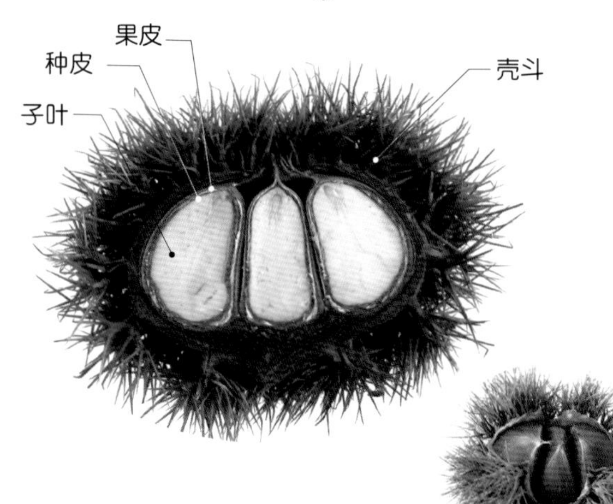

栗子　坚果

栗子的小盖子是由苞片（附在花或果实上的特殊叶片）变化而来的，称为壳斗。栗子壳斗则变成了长满刺的刺球，包裹着3个果实。果皮又厚又硬，紧紧地包着种子。这样的果实就称为坚果。常说的栗子皮是种皮，可食用部分就是储存养分的子叶。

种子的结构

种子的种类

种子，不仅是代替不能行动的植物移动到别处的分身，还是能够在睡梦中跨越时间与季节的超级时间旅行者。种子里面有携带着海量情报的小小幼芽，而为了给幼芽提供足够的养分，一般还会有储存淀粉的胚乳和储存脂肪的子叶。

有胚乳的种子

柿子

右图为柿子种子的纵切示意图。胚乳占了种子的大半。

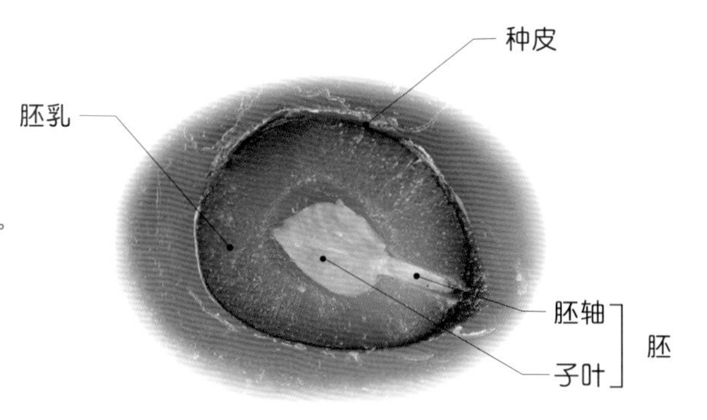

没有胚乳的种子

落花生（花生）

右图为带壳的花生纵切照片。左边的种子可以看到子叶。其实子叶就是它的可食用部分。

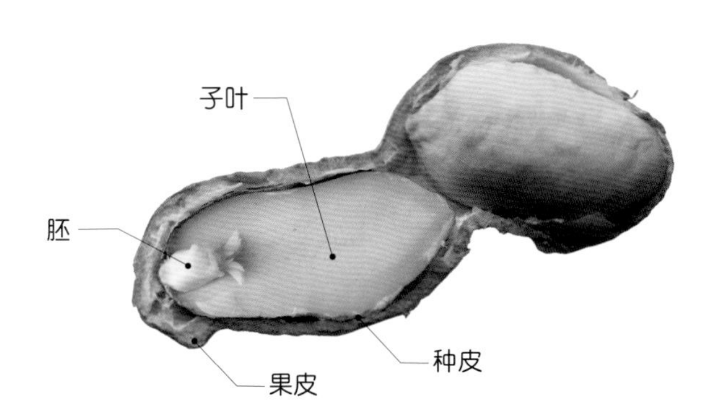

小专栏

种子——时间旅行者

种子会借助风力、水流还有动物旅行到别的地方，但是它的旅途不仅限于空间。

一年生的草本植物会以种子的形态度过难以生长的季节。干燥的种子保持着休眠状态，无论是在炎热寒冷还是干旱的环境都可以轻松生存。

在河滩、田地和空地等不知道什么时候就会发生巨大变化的环境中，种子掌握着植物能否存活下来的关键。就算植物本身全体覆灭，只要留下种子，植物就有了延续的希望。也因为如此，这些植物种子通常会有着很长的寿命。

而在环境稳定的森林中，长寿的种子也很多。在阴暗的森林地面上，年轻的小树难以生长。最有效率的方法，应该是一边沉睡一边等待身边的树木倒下，在周围环境变得光亮的时候抓紧时机发芽成长。

但是，醒来的时机要怎样计算呢?

有一些种子，有着能够精密探测周围环境的感应装置。感应的方法有许多种，例如光照、温度、温度变化的幅度等等。其中那些特别优秀的种子，就可以通过读取光照的微妙差异来判断自己头上有没有树叶，从而在没有被树叶遮盖的时候破土而出。

就这样，种子们自由地在时间中穿梭旅行。那些理应无法行动的植物，其实正跨越时间，把自己的生命送往未来呢。这就是所谓的时间旅行者吧。

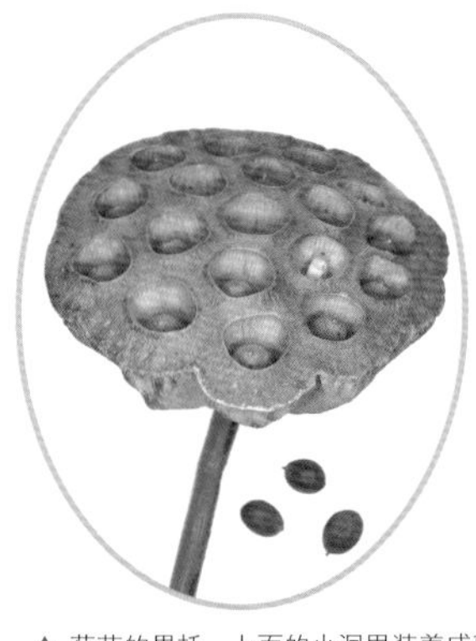

▲ 荷花的果托。上面的小洞里装着成熟的坚硬果实。种子的寿命可达3000年。

▲ 生长在河滩上的毛蕊花，它的种子寿命可达100年以上。

▲ 月见草是空地和河滩上常见的杂草。种子的寿命可达80年以上。

第一章
街道上的树木果实

银杏

· 银杏科　· 落叶乔木
· 街道和公园　· 动物传播
· 花期…4～5月、果熟期…11月

经常作为茶碗蒸※配料的银杏果就是银杏的种子。秋天，披着软乎乎黄色种皮的银杏果就会掉落到地上，并散发出奇怪的臭味。除了食用、药用以外，人们还种植银杏作为行道树。银杏是从恐龙时代开始外形就几乎没有变化的“活化石”，叶片的形状和受精的方式都非常独特。

※茶碗蒸：日式蒸蛋。

银杏的雄花（左）和雌花（右）。

银杏是雌雄异株※的植物，雄花的花粉乘着风飞到雌花上，大约半年后才会长出纤毛变身成精子，然后游进雌花之中与卵子结合。这个震惊世界的发现，是由明治时期的日本科学家提出的。

※雌雄异株：雌株和雄株分别生长在不同的树上。

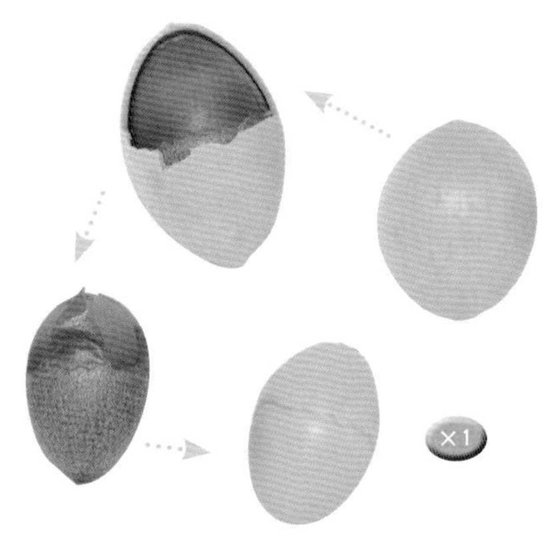

去掉软乎乎的外皮之后的带壳银杏果长约2厘米。银杏果并不是果实，而是种子，臭臭的肉质外皮（直接用手去碰的话会引起皮肤发炎，一定要小心）和硬壳都是种皮的一部分。在银杏的全盛时期中生代，可能是由恐龙把种子吃掉然后传播到其他地方的。

短叶罗汉松

· 罗汉松科	· 常绿乔木
· 山岭和庭院	· 动物传播
· 花期…5～6月、果熟期…9～10月	

原产于日本，常被简称为罗汉松，经常种植在庭院做观赏树和绿篱。有雄株和雌株之分，雌株在秋天时会结果，长出来的果实简直是令人赞叹的又甜又好吃的“双色丸子串”！顶端的“绿色丸子”是种子，硬邦邦的不能食用，但是下面半透明状的红色或者黑紫色的部分就鲜甜柔软，简直就是天然的“果冻”！

它的雄花（左）跟同是裸子植物的银杏（p.22）很相似。雌花（右）的顶端是能发育成种子的圆形部分（胚珠），下面紧挨着的部分（花托）会发育膨大成啫喱质感的小球。

甜甜的啫喱部分在没有成熟的时候是绿色的，然后逐渐变成黄色、红色，熟透后就是青黑色的。这是为了吸引鸟类的目光，让鸟类传播种子的策略。但实际上大多数果实都直接掉到树下了。还有一些种子就在树上或地面生根发芽，这时候啫喱部分就会给种子提供水分。箭头指着的是种子的横切面。

黑松

- 松科
- 常绿乔木
- 庭院、公园和山岭
- 风力传播
- 花期…4～5月、果熟期…10月

有雌花和雄花，雌花会一两个地长在新枝的顶端。圆图里的就是雌花。而雄花则会大量聚生成橙色的花穗，长在新枝的底部。花粉通过风来传播。

球果大约花后一年半后成熟。左图中是开花后1年2个月时的未成熟球果。

作为裸子植物的松树，生长出了叫作球果的孕育种子的器官来代替果实，这就是我们常说的松果、松塔啦。它的种子两两成双地长在球果的鳞片（种鳞）上，成熟后鳞片会张开，然后种子就会转着圈圈飘落下来。日本常见的松树有赤松和黑松，而树干较黑、针叶粗长坚硬、被针叶尖端戳到会有痛感的就是黑松。

树上的成熟球果在干燥时会打开鳞片，随后带着薄翅的种子就会一边高速旋转一边飘落下来。球果长约4～6厘米。种子长约6毫米，加上翅膀约2厘米。赤松的球果和种子会稍微小一点，外形看来与黑松球果十分相似。

松果家族

赤松

赤松的松果也会在干燥时张开（左），潮湿时闭合（上右）。虽然比黑松的松果小一圈，但外形十分相似，如果不看针叶和树干就很难区分开来。

日本花柏

球果长在树枝顶端，体积很小，直径只有7毫米。种子两侧长有宽翅，可以被风吹飞。

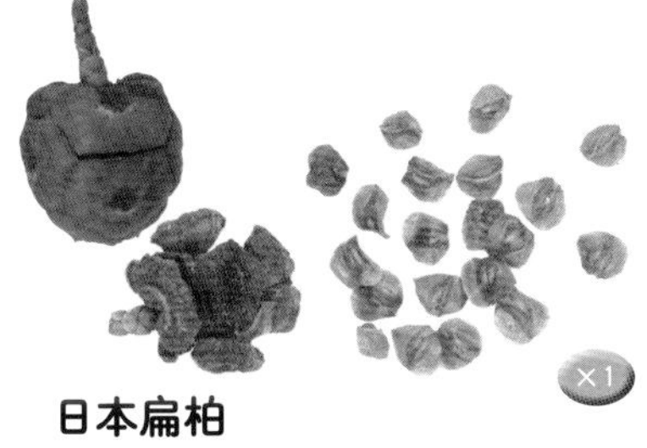

日本扁柏

球果比日本花柏大一圈，直径约1.2厘米。种鳞张开前看上去就像个足球一样。

雪松

球果长达10厘米，宽达8厘米以上。但是球果成熟后会在树上慢慢分解，种子和种鳞逐渐散落，只有顶端部分维持着玫瑰花似的形状最后从树上掉下来。

日本柳杉

直径2厘米。叶子和球果都刺刺的。有时会从球果顶端长出枝条。

日本榧树

·红豆杉科　·常绿乔木
·山岭和公园　·动物传播
·花期…5月、果熟期…9～10月

日本榧树的雄花。它是跟日本柳杉（p.25）一样依靠风来传播花粉的植物，晃动它的枝条就会散落大量花粉。雌花是绿色的，非常不显眼。

种子在秋天成熟，成熟后外皮还是绿色的，然后外皮裂开，里面的种子就掉落在地上了。有着褐色坚硬外壳的种子虽然带点烟臭味，但其实是含有丰富油脂的美味坚果。在山林里，松鼠和老鼠会把它当做过冬的粮食收集起来埋在土里，被遗忘掉的一部分种子就会在春天发芽。这就是日本榧树和森林小动物们持续了几千万年的合作关系。

日本榧树是生长在山上的针叶树，有雄株和雌株之分，雌株会结出包着厚皮的果实（植物学上的种子）。以前，人们会小心地把“榧果”捡起来榨油或者炒熟做零食。日本榧树的特征是，叶子前端很尖锐，用手握住会有刺痛的感觉。跟它外形相似的柱冠粗榧的叶子就不会刺手。中国青岛、庐山、南京、上海、杭州等地引种栽培。

杨梅

· 杨梅科 · 常绿乔木
· 山野和公园 · 动物传播
· 花期…3～4月、果熟期…6～7月

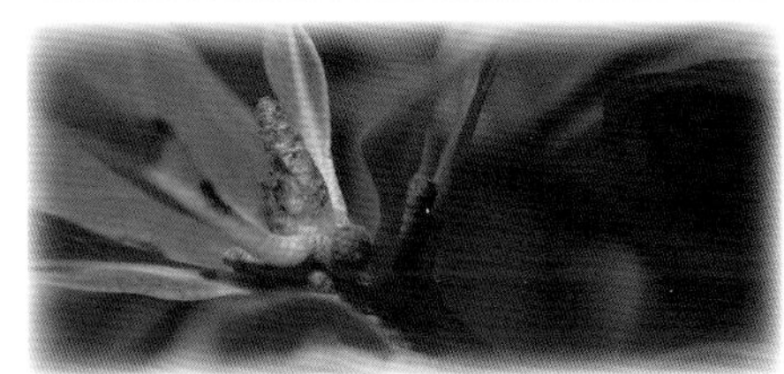

杨梅在早春时节就会开花。分别有雄株（上）和雌株（下），雄花和雌花都是没有花瓣花萼的简单结构。雌花很不起眼，而雄花会聚集成穗状，有风吹过就会洒出大量花粉。

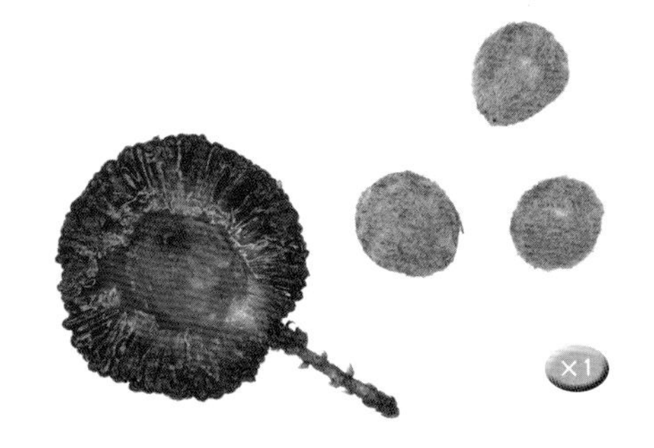

杨梅原产中国浙江省余姚市，现分布在云南、贵州、浙江、江苏等地。杨梅是温暖地区的常绿树，经常作为行道树栽种于公园和街道上，也培植作果树。杨梅的果肉，是从种子外壳上长出来的、汁液丰富的绒毛状部分。表面的粒状突起就是绒毛的顶端。原本是猴子喜欢的水果，后来人类也无可避免地被它酸甜的滋味所吸引，驯化、培育，并大量栽培，成为重要的果树。

果实在梅雨季节成熟。野生品种的直径为1.5～2厘米，人工培养的品种直径可以达到3厘米。果肉酸甜美味，但是果肉和种子很难分离，吃的时候容易连种子一起吞下肚子。在山上主要靠猴子吃下种子来进行传播。上图是果实的横切面。

疏花鹅耳枥

- 桦木科
- 落叶乔木
- 山野和公园
- 风力传播
- 花期…3～4月、果熟期…10～11月

春天，在叶子长出来之前，红色的花穗※就已经挂满枝头了。粗长的是雄花穗，短小的是雌花穗。在花期，整棵树看上去都变成了红色。

※花穗：许多小花像稻穗一样聚集在一起。

疏花鹅耳枥常见于山上的杂木林和公园里。从夏天到秋天，大部分果穗下垂着挂在枝头，等到了晚秋，果实成熟脱水变成干褐色，风一吹就会一个个地盘旋着飞舞而下。同属鹅耳枥家族的还有昌化鹅耳枥和日本鹅耳枥。分布在中国辽宁南部、山西、河北、河南、山东、陕西、甘肃等地。

晚秋时的果穗。由10～30个果实聚集而成的果穗长约5～10厘米。深裂的大苞片※在果实盘旋掉落时能起到翅膀的作用。

※苞片：附在花或果实上的特殊叶片。

昌化鹅耳枥的果穗。

这也是鹅耳枥的一种，常见于杂木林和公园里。外形比疏花鹅耳枥大一圈，有许多短绒毛。苞片不开裂。春天开花时的花穗是黄色的。

果穗：许多果实像稻穗一样聚集在一起形成的穗。

糙叶树

- ·榆科（大麻科）
- ·落叶乔木
- ·山野和公园
- ·动物传播
- ·花期…4～5月、果熟期…9～11月

糙叶树在春天开花。有雄花（左）和雌花（右）之分，都是没有花瓣的简单结构。因为它是风媒花※的一种，只要弹一下雄花的雄蕊，它的花粉就会飞散出来。

※风媒花：利用风力传播花粉的花。

在杂木林中常有长得非常高大的糙叶树，也常见于城市的公园里。它的叶子很粗糙，可以代替砂纸用来打磨木材的表面。花朵长得很朴素，但一到秋天就会结出类似蓝莓的圆形果实，口感跟果酱一样甜美。山野里的鸟类和动物吃下果实后就会把坚硬的种子传播到其他地方。分布在中国山西、山东、江苏、安徽、浙江、江西、福建、湖南等地区。

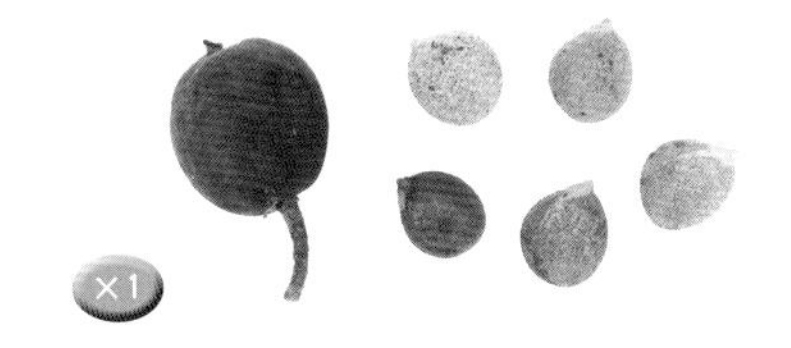

果实的直径为1～1.2厘米。秋天成熟后，表皮变成紫黑色，上面带有一些白色粉末。果肉口感黏稠像果酱，味道很甜。中间是一颗坚硬的果核。灰椋鸟和鹎鸟瓜分了树上的果实，熟透掉在地上的果实则成为了貉子等动物的食物。

麻栎

- ·壳斗科
- ·落叶乔木
- ·山野和公园
- ·动物传播
- ·花期…4～5月、果熟期…10月

麻栎会在早春的4～5月、叶子还没有长出来的时候开花。分别有雄花（左）和雌花（右图箭头处），雄花会聚集成长穗，花粉随风飘向长在叶腋的不起眼的雌花。

麻栎是杂木林的代表性树木。以前常用来做柴火和木炭的原料。夏夜里，麻栎的树液会把独角仙和锹形虫吸引过来。秋天，带着乱蓬蓬小帽子的圆胖橡子又让人玩心大起。一串串黄色的花穗挂满枝头，所以春天开花时， 麻栎也是一道靓丽的风景。多分布于中国黄河流域中下游及长江流域等地区。

壳斗直径最大能有5厘米。橡子的直径则是1.5～2.5厘米。橡子的外皮又硬又厚，是坚果的一种。尾部的小蒂是跟母株连接部分的残留物。壳斗是苞片※的变化形态，可以包裹住橡子对它进行保护。而一些不小心从壳斗中暴露出来的幼果，就很可能会有象鼻虫（p.116）在里面产卵，最后果仁就被啃食干净了。

※苞片：附在花或果实上的变形叶。

橡子大集合

照片全部显示为实物实际大小

槲栎

外形既像栎树又像槲树。壳斗是网纹的。

日本石柯

壳斗会连在果轴上一起掉落。果仁没有涩味。

栎

跟麻栎一样是杂木林主力军。壳斗是网纹的。

乌冈栎

尾部狭窄的橡子。壳斗有浅浅扩散的网纹。

冲绳柳栎

日本最大的橡子。大大的壳斗上带有横纹。

青冈

橡子小粒且偏圆形。壳斗是横纹的。

日本常绿橡树

有着厚厚叶片的常绿树。壳斗软绵绵的，带有横纹。

大叶锥

脱掉外衣就是这个样子，味道很好。

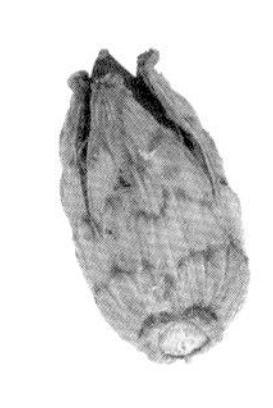

苞片狭披针形，红棕色。

槲树

圆滚滚的橡子。头顶一个硬邦邦的红毛帽。

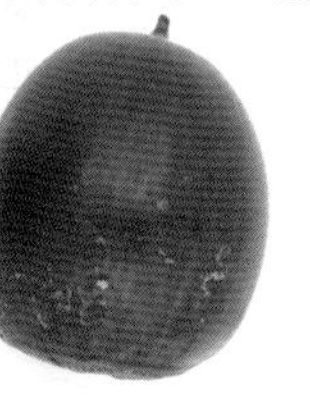

小叶青冈

个头小，但每年都会结出许多果实。壳斗是横纹的。

朴树

· 榆科　· 落叶乔木
· 山野和公园　· 动物传播
· 花期…4月、果熟期…9～11月

先花后叶。在树枝分叉的下方长有许多雄花，少数的雌花（箭头所指处）则长在树枝的顶端。朴树靠风力传播花粉，所以没有吸引昆虫的花瓣或者花蜜。雄花那折叠起来的雄蕊在“啪”地展开的瞬间会把花粉弹飞，然后花粉粘到长着细毛的雌花上。

朴树在山野和公园中可以长得非常高大。鸟类会吃下并传播它的种子，所以到处都长有它的幼苗。果实由橙色逐渐变深，完全成熟的果实呈酒红色，口感像果酱一样甜美。枝繁叶茂，树冠宽广浓密，是良好的庇荫树，古时候常栽种在道路里程碑旁，供行人休息。分布于中国河南、山东、长江中下游和以南地区等地。

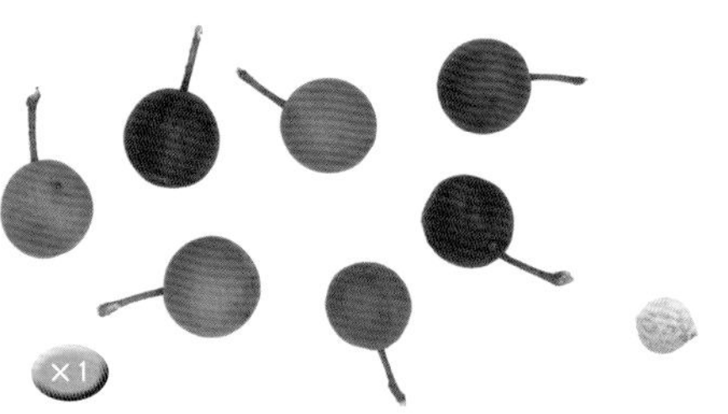

果实直径7～8毫米，果肉像果酱一样黏黏的甜甜的。中间有一颗种子，直径约4毫米，非常坚硬。鹎鸟和灰椋鸟等鸟类把果实吃进肚子后会把坚硬的种子通过粪便排出。

北美鹅掌楸

·木兰科	·落叶乔木
·公园和街道	·风力传播
·花期…4月末～5月、果熟期…11月～次年1月	

花朵在春天盛开，外形很像郁金香。跟郁金香不同的是，它中间长着一整圈的雌蕊，一朵花可以结出许多的果实。

在同一朵花中结出来的众多果实，会沿着花轴从中间往外层层包裹起来，聚集成高8厘米的聚合果。当风吹过，果实就会从上到下地逐渐脱落，乘着风旋转飞散。随着季节的转移，最后只剩下最下面的一圈，看上去就像是郁金香的花朵一样。果实长有长约4厘米的协助飞行的果翅。

北美鹅掌楸是原产于北美的落叶树，常作公园观赏树和行道树。叶子的形状像一件衬衫。它的英文名称是“郁金香树（Tulip Tree）”，大概是因为花朵长得像郁金香吧。但也不仅如此。你看，在叶子枯萎掉光的冬天，树枝上又出现了“郁金香”呢。好吧，这是开玩笑的，那其实是鹅掌楸的果实。风一吹，翅果片片脱落，在空中转着圈地飞舞。在中国青岛、庐山、南京、广州、昆明等地有栽培。

皱叶木兰

- 木兰科
- 落叶乔木
- 山野和公园
- 动物传播
- 花期…3～4月、果熟期…9～10月

在早春时期，它就领先于其他树木开花了。作为保留着被子植物原始特性的木兰科植物，它的花朵中间聚生着许多雌蕊，因此它的果实是聚合果。

由数个乃至十数个果实聚集而成的“聚合果”，每一个小瘤就是一颗果实。从夏天开始慢慢变红。左图中的是8月中旬时的果实。

皱叶木兰常见于山野中，也多种植于公园和街道上。春天，在新叶长出来之前，它的枝头就先开出了白色带有香气的清丽花朵。在夏天和秋天，像拳头一样扭扭曲曲的果实挂上枝头，引人注目。由于那疙疙瘩瘩的果实外形，皱皮木兰的日文名称发音跟“拳头”是一样的。到了秋天，果实开裂，朱红色的种子也露出脸来，种子尾部连着白色的丝状物吊挂在果序轴上。

聚合果在10月时裂开，露出里面的红色种子。种子被一层厚厚的饱含油脂的外皮包裹住，是鸟类喜欢的食物。种子的本体为心形，又黑又硬，就算过了上千年，也可以发芽。

樟树

· 樟科
· 常绿乔木
· 山野和街道
· 动物传播
· 花期…5月、果熟期…10～12月

樟树是温暖地区常见的常绿树，可以生长成树干粗壮的大乔木。掐一下它的树叶就会散发出清爽的香味，这就是被称为樟脑的物质成分，以前人们会用樟脑来做防虫剂。初夏时的白色小花十分不起眼，但到了秋冬，成熟变黑的小圆果就会在树枝上闪闪发亮。树龄超过1000年的巨型樟树，最初也是由这么一小颗被小鸟叼走的果实成长起来的。樟树产于中国南方及西南各省区。

樟树的花朵直径只有5毫米，小小的很不起眼。但仔细观察就会发现，它长得非常精细，有白色的花瓣和黄色的雄蕊。叶片很宽，有明显的3条叶脉，叶脉分歧点处经常膨胀成一个“小房间”，里面住着吸食叶片汁液的小蚜虫。

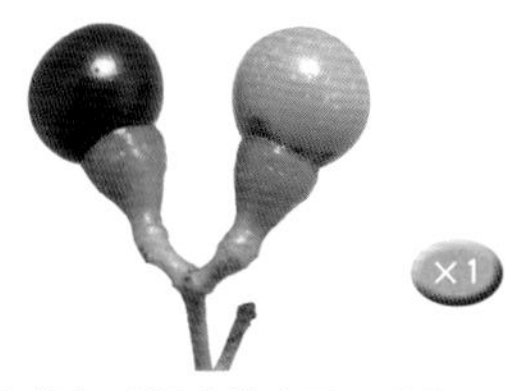

×1

果实在秋冬时期成熟变黑，直径8～10毫米。果托膨大成杯状，看起来就像是托着圆球的剑球※一样。

※剑球：日本流行的一种玩具，由十字形的“剑”和带孔的“球”组成，剑和球之间用绳子连在一起。玩法是将球嵌入剑的前端，或者将球扔到托盘上。

果实中间有一颗种子。柔软的果肉富含油脂，触摸一下，指尖就像涂了一层乳霜一样。种子直径为5～8毫米。

红楠

· 樟科　· 常绿乔木
· 街道和海边　· 动物传播
· 花期…4～6月、果熟期…8～9月

红楠在春天开花。花苞跟红色的新芽一起长出来，开出黄绿色的小花。每朵花的直径只有1厘米，很不起眼，但当整棵树都开满了大量的花朵，就会引来许多的昆虫。

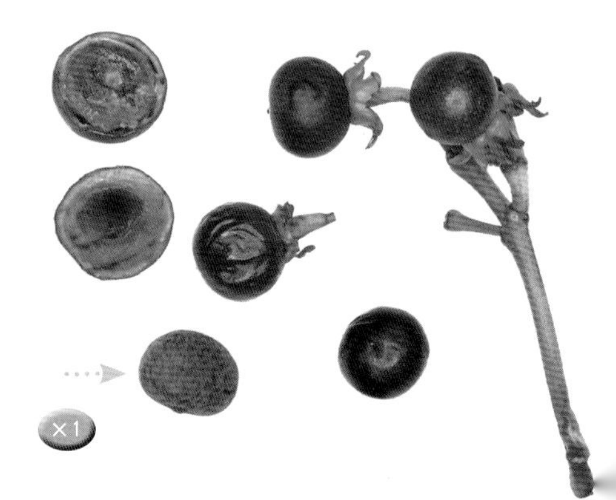

在树下捡到的果实。果实的直径约为1厘米，绿色的时候是硬硬的，熟透成黑色后就变软了。掰开黑色的果实就会看到软糯的绿色果肉。是不是觉得好像在哪里见过差不多的果实呢？没错，它跟鳄梨很相似。鳄梨也是樟科植物，果肉也同样富含油脂。箭头指着的是种子，种皮薄脆容易剥开。

红楠生长在南方的温暖地区，常被栽种在公园里。果实在夏天就成熟变黑，跟红色的果轴形成鲜明的颜色对比，很容易引起鸟类的注意。当我要去拍照的时候，总是只能拍到上图一样未成熟的绿色果实。果实变成黑色就是成熟的标志。而喜欢吃红楠果的灰椋鸟会每天成群结队地寻找成熟的果实吃掉，去得比我早多了呢。

华南十大功劳

- ·小檗科
- ·常绿灌木
- ·公园和庭院
- ·动物传播
- ·花期…3～4月、果熟期…5～6月

花朵在早春盛开，带有好闻的香味。花朵直径为1厘米左右，如果用镊子等碰一碰雄蕊的花丝，它就会立刻靠到雌蕊上去，非常有趣。叶片是30～40厘米的羽状复叶，边缘有锐利的刺齿。

羽状复叶：长得像鸟类羽毛一样的叶子。

原产于中国。叶子跟齿叶木犀相似，有着尖锐的刺齿，所以常被种于庭院中用来防盗。跟南天竹同属小檗科，在早春时就先于其他植物开出黄色的花朵，散发出诱人的花香。到了梅雨季节，叶间就会长出一串串像蓝莓一样的青绿色果实。试着尝一口，味道也像蓝莓，汁液丰富而且味道酸甜。分布于中国南部及西南各地。

果实长到直径8毫米、长1厘米左右的时候就会成熟变软，味道酸甜。一颗果实里有1～2颗种子。通常它的果实不拿来食用。而在北美，它的同属近缘种俄勒冈莓（Oregonberry），可食用，酸甜可口。

南天竹

- 小檗科
- 常绿灌木
- 山野和庭院
- 动物传播
- 花期…6月、果熟期…11月～次年2月

花朵在梅雨季节盛开，直径6～7毫米。6枚白色的花瓣和黄色的雄蕊凋落后，花柄上就剩下酒瓶形状的雌蕊，到了秋天就会长成滚圆的红色果子。

在我家，冬天堆雪兔子时用来做红色眼睛的果子和做耳朵的树叶，都来自于南天竹。南天竹是很久以前从中国传到日本的。在日本它的名字有着驱除苦难消除厄运的意思，所以人们总喜欢在家门口种上一些。南天竹全身都含有药用成分，果实还可以用于止咳，但直接吃会中毒。鸟类也是每次只吃一点，然后把种子散播到各处。分布于中国湖北、江苏、浙江、安徽、江西、广东、广西、云南、四川等省。

果实直径8～9毫米。顶端的小点是花柱的残留物。1颗果实里有1～2颗黄色的种子。种子是有点变形的半球形，中间经常会凹陷进去。果肉苦涩带有毒性，所以取食南天竹果实的鹎鸟也会适量取食，不会全部吃光，而是过一段时间再回来吃剩下的果实。毒性也是植物为了广泛传播种子而采取的策略。

草珊瑚

· 金栗兰科　· 常绿灌木
· 山野和庭院　· 动物传播
· 花期…6～7月、果熟期…11月～次年2月

草珊瑚是被子植物中比较原始的一类植物。它的花朵既没有花萼也没有花瓣，只有绿色的矮胖雌蕊和一根两侧长有花药的白色雄蕊。而且那个雄蕊是直接从雌蕊的侧面长出来的。当雄蕊完成它的使命后，就会变成褐色枯萎凋落。

草珊瑚就是经常在正月里用来装饰的红色果子。草珊瑚全株可供药用，能起到清热解毒、消肿止痛、抗菌消炎的功效。如果仔细观察这圆溜溜的小红果，就会发现它的顶端和侧面各有一大一小的黑点。这是为什么呢？给你们一点提示吧，这跟草珊瑚花朵的独特结构有关哦。在中国的安徽、浙江、江西、福建、广东、广西、湖南、四川等省有分布。

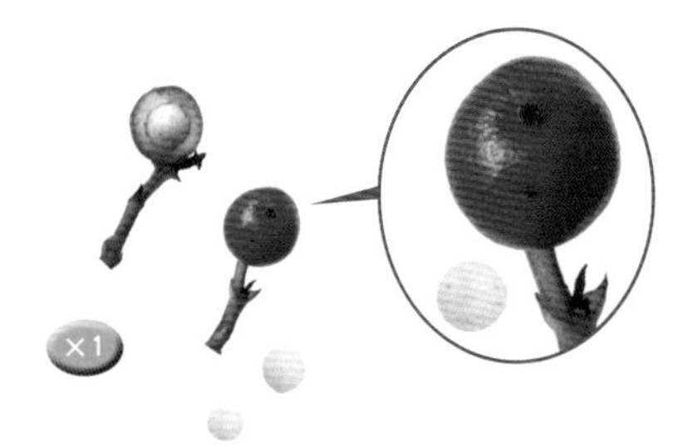

红色的果实直径约7毫米。顶端的黑点是雌蕊的残留物，侧面的小黑点则是雄蕊的残留物。果实里有1颗直径3～4毫米的种子，靠鸟类吞食传播。

山茶

· 山茶科　· 常绿灌木
· 种植园和山野　· 动物传播
· 花期…11～4月、果熟期…10～11月

山茶原产中国，现在各地均广泛栽培。原本是野生植物的山茶，无论是那红色的艳丽花朵，还是温润光亮的叶子都非常美丽，因此自古以来就被培养出了许多的园艺品种。它们一般就统称为山茶花，经常作为观赏植物种植于庭院和公园里。另一方面，山茶的种子含有丰富的优质油脂，从以前开始就被用作炼油的原料。现在也会被用来制作发胶和洗发露。

山茶会在早春的2～3月开出红色的花朵。甜甜的花蜜会把鹎鸟和绣眼鸟吸引过来。跟红色果实会更招鸟类喜欢一个道理，山茶的红色花朵也是为了吸引鸟类，让鸟类帮忙传播花粉。

×1

果实直径约3厘米。成熟后的果实外表依然是绿色的，随后会裂开3瓣，露出附在果芯上的种子。种子富含油分，野生的山茶种子掉落地面后会被森林里的大林姬鼠搬走并储存起来，吃剩的一部分就会生长发芽。

日本屋久岛原产的山茶果实直径能达到6厘米大，被称为苹果山茶。它的果皮之所以进化得这么厚，就是跟在果实里产卵的象鼻虫长年斗争的结果。

柃木

- 山茶科
- 常绿小乔木
- 山野和公园
- 动物传播
- 花期…3月、果熟期…9月～次年3月

有雄株（左）和雌株（右）之分。雄花直径5毫米，雌花直径3毫米。无论是雄花还是雌花都散发着一种类似煤气的味道。

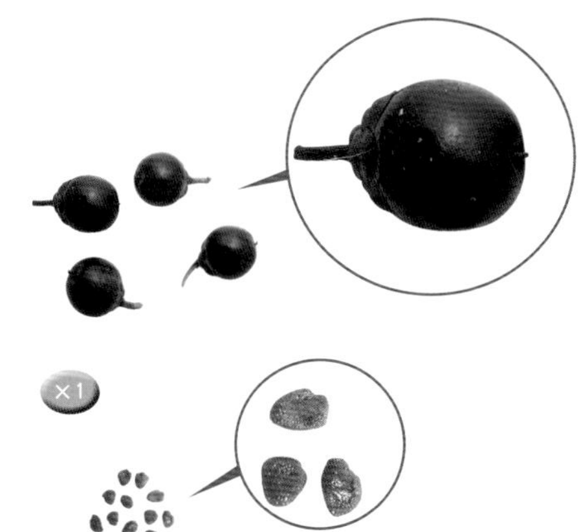

柃木是森林里常见的常绿灌木，也会被种植于庭院里。柃木花的气味很独特，闻上去就跟煤气的味道差不多。花和果实都密密麻麻地长在树枝的下方，看着就觉得浑身不舒服的人大概会不少吧。成熟变黑的果实会被鸟类吃进肚子然后散播到各地。产于中国浙江沿海、台湾等地，多生于滨海山地及山坡路旁或溪谷边灌丛中。

果实直径约5毫米，里面有十几个长1～2毫米的褐色种子。果肉中含有抑制种子发芽的物质，因此要让鸟类消化掉果肉之后，种子才能发芽。如果掉落在地面的种子全部都发芽了，就会因为幼芽密度太高而难以生长。果实被挤破时会流出深紫色的汁液，可以用来当作蓝色染料。

榉树

- 榆科
- 落叶乔木
- 街道和公园
- 风力传播
- 花期…4月、果熟期…11～12月

榉树在春天开花。由于是风媒花，所以花朵很不起眼。花就开在长着小号树叶的小枝上，几个几个地聚集在叶腋。开在树枝基部的是雄花，开在顶端的则是雌花。

风媒花：利用风力传播花粉的花。

榉树的外形就像一把倒放的扫帚，是一种树枝平展的落叶树。它的果实非常不起眼，一眼看过去很难发现它的踪影。但只要仔细观察，喏，枝头的小树枝上不是着生着一些小颗粒吗？那些就是果实啦。秋天，在长着果实的小树枝上，枯萎的树叶就成了“翅膀”，带着整根树枝乘风飞舞。大家可以在秋风扫过之后，去路上寻找一下榉树的小树枝。榉树在中国分布广泛，是国家二级重点保护植物，由于它生长较慢且材质优良，是珍贵的硬叶阔叶树种。

这就是榉树的“旅行装束”。它的果实本身并没有用于飞行的道具，但是长着果实的小枝上的树叶枯萎后并不会掉落，这些枯萎的树叶就成为了“翅膀”，带着整个小枝随风飞翔。小枝上的树叶长得比其他部位的树叶小。果实宽3毫米，外形有点歪斜，就长在叶腋。

二球悬铃木

· 悬铃木科	· 落叶乔木
· 街道和公园	· 风力传播
· 花期…4～5月、果熟期…11月～次年4月	

二球悬铃木拥有着迷彩图案的树干以及形似枫叶的大叶子。它跟它那些外形相近的伙伴们通常统称为“法国梧桐”。到了秋天，它的树枝上会垂挂着球形的“果实”，这其实是由许许多多果实组成的聚合果。因为果实很像僧人衣服上的铃铛挂饰，所以取名为“悬铃木”。这些圆球一旦被风吹散，果实就会张开黄金色的小伞飞散开来。

在早春时节，花朵就和叶片同时长出来了。右边是雌花序，红色的是雌蕊的柱头。左边是雄花序，上图中还是花苞状态。

花序：花朵的集合。

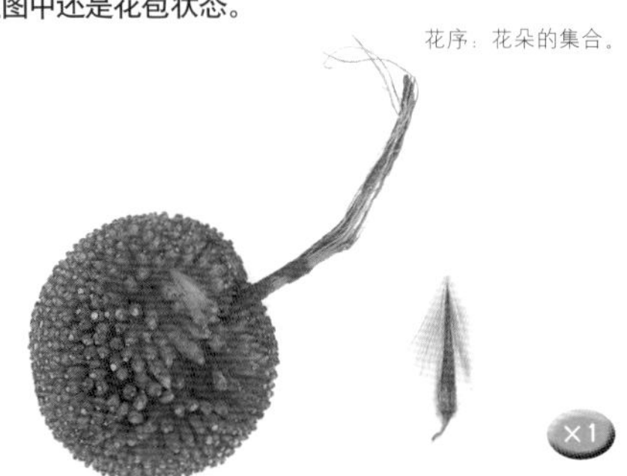

上图分别是松散的聚合果，以及绒毛呈伞状张开的果实。聚合果是由许许多多的小坚果在绒毛闭合状态下聚集而成的，直径约4厘米。只要有风轻轻地从聚合果的某处吹拂而过，它就会开始解体，小坚果就纷纷张开金黄色的小伞乘着风飞走了。

二球悬铃木是原产于国外的园艺植物，经常栽种作行道树。斑驳脱落的灰白色树皮就是它的特征。中国东北、华中及华南均有引种。

齿叶溲疏

· 虎耳草科（绣球科） · 落叶灌木
· 山野和公园 · 风力传播
· 花期…5月、果熟期…11～12月

花朵在5月盛开，花瓣洁白美丽。因为它在日本阴历的卯月（四月）开花，所以日本人喜欢称它为“卯之花”，古时候经常把它写进和歌或童谣里。花朵聚生在树枝的前端，直径为1～1.5厘米，几乎没有香味。

齿叶溲疏生长于光线充足的山野中，也常种植于公园里。由于它的树枝干枯之后是中空的，所以日本人把它称作“空木”。而它那清丽花朵则被亲切地称为“卯之花”，它会长出像茶杯一样的奇妙果实。到了秋天，茶杯的顶端会打开来，里面细小的种子就会随风飞散。借助风力来传播种子的果实大多长得很普通，一点也不起眼。那是因为，如果长得显眼的话就会被动物吃掉，造成种子的损失。齿叶溲疏原产日本，中国安徽、湖北、江苏、山东、浙江、福建、云南等地均有栽培。

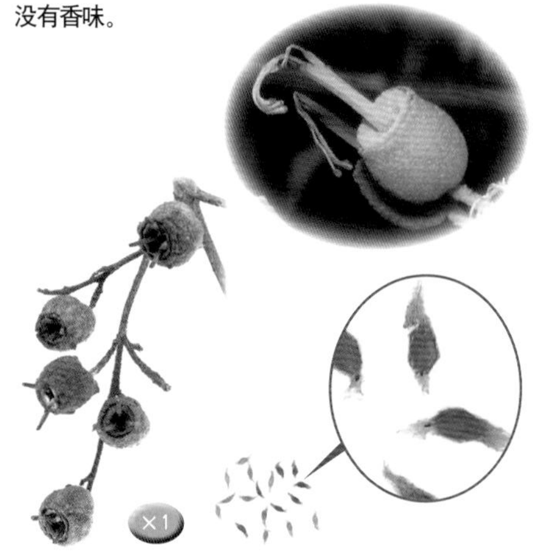

果实为直径4～6毫米的圆筒形，表面很粗糙。中间还竖着3～4根残存的雌蕊。秋天成熟后，果实顶部打开，10颗左右的种子就会随着劲风飞散开来。种子本身约为1毫米，两端各长有“薄膜翅膀”，可以乘风飞舞。

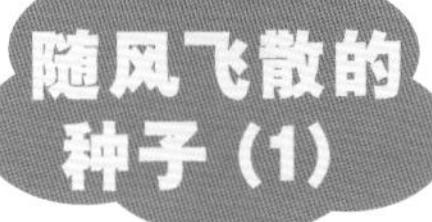

随风飞散的种子（1）

撒盐式——齿叶溲疏

如果种子足够细小，就可以被风吹飞。齿叶溲疏和马醉木的果实在被风吹过的时候，就会像我们做饭时用调料瓶撒盐一样，晃动着把小小的种子撒出来。特别是那些喜欢生长在明亮空旷地方的植物，它们的进化方式就是长出更多细小的种子来增加传播概率。例如杂草中的长荚罂粟，它那长度只有1.7厘米的果实可以撒落1000颗的种子。

尘状种子——白及

比罂粟种子更小、轻如灰尘的种子可以飘浮在空中。种子中最轻的要数兰花类了，一颗种子的重量只有0.00002～0.01毫克。体型细小，数量繁多，一颗果实里就有数十万颗的种子。这样细小的种子里面没有养分，所以兰花类只能和菌类共生，靠菌类来获得养分发芽成长。寄生植物中的野菰也是从宿主处获得营养的，因此它的种子也很小。

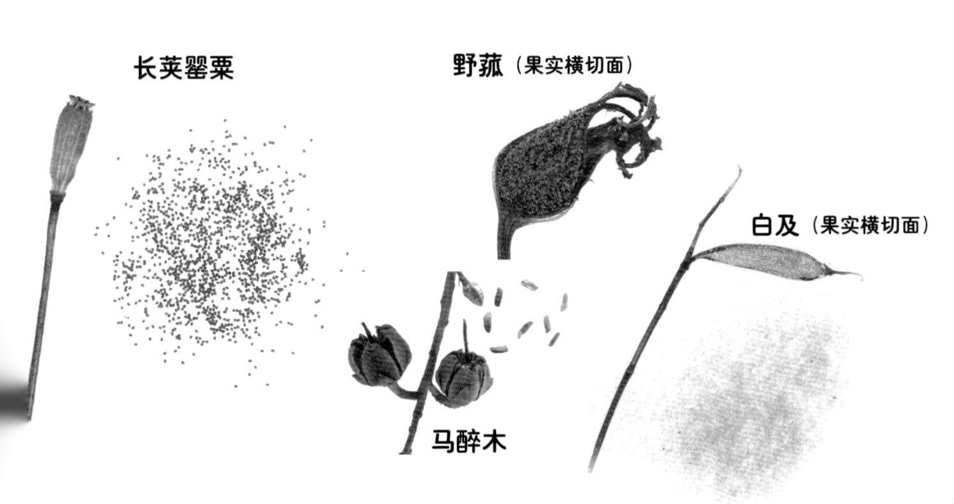

北美枫香

· 金缕梅科（枫香科） · 落叶乔木
· 街道和公园 · 风力传播
· 花期…4月、果熟期…11～12月

北美枫香是原产于美国的落叶树，经常作为行道树栽种于公园和街道上。叶片跟枫叶很像，但北美枫香的叶互生，而枫树的叶片则是对生，它们就像是没有血缘关系的“双胞胎”。秋天会结出像栗子刺球般的聚合果。到了晚秋时节，聚合果干枯开裂，里面带有“翅膀”的种子就旋转着飞出来了。北美枫香和产于中国的枫香都是同一个家族的小伙伴，但叶片和果实的形状不太一样。

花朵在春天盛开。一堆堆地聚集在一起的是雄花序（上），单个地挂在那里的是雌花序（下）。因为是风媒花（p.42），雌花雄花都是不起眼的深绿色，而且没有花瓣。雌花序会发育成聚合果。

聚合果会在深秋时成熟变干，随即裂开一个缺口，翅果旋转着随风飞散。聚合果直径3～4厘米，外面长满又硬又粗的针刺，光亮坚硬。种子长7～10毫米。

原产于中国的枫香叶片呈3裂。聚合果的直径为2.5～3厘米，外被的针刺较细容易折断。种子长7～9毫米。

海桐

- 海桐科
- 常绿灌木
- 海边和公园
- 动物传播
- 花期…5月、果熟期…11月～次年1月

海桐花期3～5月。海桐有雌株和雄株，照片上的是雌株，可以看到胖胖的雌蕊和退化的雄蕊。花的直径约2厘米，带有甜甜的香味冰激凌的颜色。叶片光亮不易破损，边缘处向里翻卷。

果实长在雌株上，直径为13毫米左右。熟透后常裂开3瓣，露出密密麻麻的红色种子。种子表面黏糊糊地连着一些白丝，可以粘在果皮上不让自己掉下去。鸟类喜欢种子表面的黏液，会把整颗种子吃进肚子里，然后将棱角分明又坚硬的种子通过粪便排出体外。

海桐的枝条和叶片被撕破时会散发出的恶臭，所以古时候的日本人相信，在除夕和立春的前夜将海桐枝条夹在门缝里，就可以驱除恶鬼。海桐产于中国，现主要分布在江苏南部、浙江、福建、广东等地。海桐果实在初冬时期就会成熟裂开，露出里面的种子。铺开的果皮小碟里装满了红色的种子。但是，为什么种子不会掉下来呢？

火棘

· 蔷薇科　　· 常绿灌木
· 公园和庭院　　· 动物传播
· 花期…4～5月、果熟期…11月～次年1月

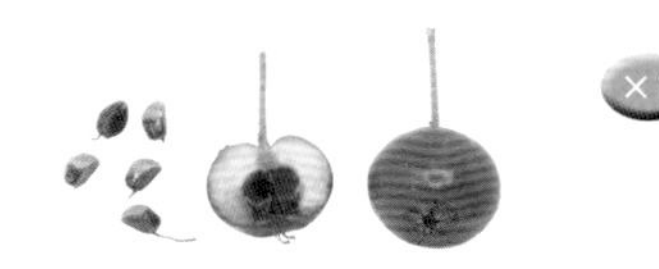

照片中是称为细圆齿火棘的品种。果实成熟时是红色的，直径6～10毫米。跟苹果（p.17）一样，它的果实外层其实是发育膨大的花托，里面有5颗长度为2～3毫米的坚硬种子。黄色的果肉有类似苹果的香味，但味道苦涩，在胃里分解后会产生有毒的氢氰酸。

其他常用于培植的还有地中海原产的欧亚火棘。

这是一种有着红色果实、树枝上长有尖刺的园艺植物，它们同属的家族成员通称为火棘，常被种植成绿篱。它的果实虽然看上去很美味，但其实含有叫做氢氰酸化合物的毒素，鸟类吃多了也会中毒而死。候鸟中的太平鸟偶尔会发生神秘的集体死亡事件，研究发现，其中一部分就是由于这些火棘的果实引起的。火棘全属10种，中国产7种，分布于黄河以南及广大西南地区。

窄叶火棘也是火棘家族的一员，常用于培植。果实成熟时是橘黄色的，直径为8毫米。这个颜色和扁平的形状让它看上去很像柑橘科的橘子。

石斑木

· 蔷薇科 · 常绿灌木

· 海边和公园 · 动物传播

· 花期…5月 果熟期…10月～次年1月

石斑木在5月时开花。白色的花朵聚集在枝条的顶端，散发出迷人的香气，可作为高级花材。花朵的直径约为1.5厘米，共有5枚花瓣，花瓣顶端为圆弧形，跟梅花很相似。上面照片中的品种叶片细长，叫做柳叶石斑木。

石斑木本来是长在海边的植物，所以它那质厚光滑的叶片能好地抵抗干燥气候和大气污染。叶片像车轮一样一圈圈地长在树枝顶端，花朵又跟梅花很像，因此人们把它称为“车轮梅”。上面照片中的品种叶片圆滑，叫做厚叶石斑木。秋天成熟的石斑木果实呈紫黑色，表面附有白色粉末，一眼看上去很像蓝莓，但长在海边的石斑木果实又硬又结实。它原产于中国和印度，主要分布在中国华东、华南至西南地区。

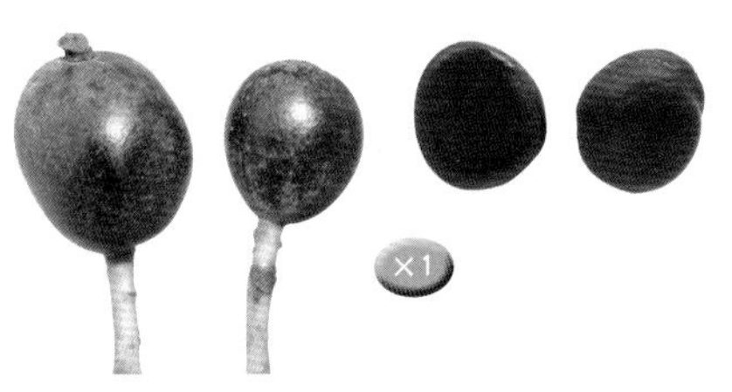

果实在未成熟时是紫红色的，完全成熟后会变黑，表面附有白色粉末。果实直径1～1.5厘米，里面有1～2颗坚硬的种子，主要靠鸟类吃下果实传播种子。这些带着白粉的黑色果实，表面能够反射更多的紫外线，对于可以看到人类看不见的紫外线的鸟类来说，这些果实看上去可能是非常鲜艳夺目。

槐树

- 豆科
- 落叶乔木
- 公园和街道
- 动物传播
- 花期…7～8月、果熟期…11月～次年2月

盛夏时节，黄白色的槐花就会一串一串地聚集在枝头。槐花长约1.5厘米。花蕾可以用作黄色染料，也可以入药。

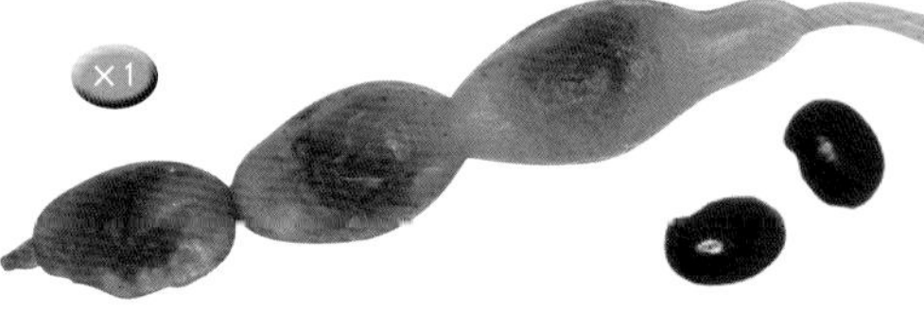

槐树荚果熟透后会变成半透明。因为含有可以起泡的物质——皂苷，荚果内部黏糊糊的，挂在树上稍微晾干后，就会跟软糖一样有弹性。以前人们会把荚果泡在水里用来洗衣服。

每到1～2月，道路两旁的槐树上就会聚集许多鹎鸟，它们就站在树枝上叼啄着半干的荚果大吃特吃，把荚果扯成一口大小吞进肚子，再通过粪便把坚硬的种子排出体外。

槐树是产于中国的豆科植物，经常种植于公园和街道上。豆科植物的荚果通常在成熟后会变得坚硬干燥，但槐树比较特别，它的荚果成熟后会收缩成念珠的样子，质感则是像软糖一样柔软有弹性。这些荚果是特意为鸟类准备的“盛宴”。鸟类在啄食荚果的时候，荚果收缩下陷的部位很容易就会被撕开，方便鸟类吞到肚子里去。

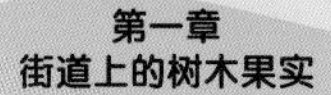

野梧桐

- 大戟科
- 落叶乔木
- 山野和空地
- 动物传播
- 花期…6～7月、果熟期…8～10月

雌花花穗（左）和雄花花穗（右）。雌花的雌蕊最初是黄色的，然后慢慢变成红色。花朵有香味。

果实成熟后果皮裂开，露出里面的黑色种子。种子表面有一层油脂，用手指搓一搓就会沾满油。鸟类为了摄取这些油脂，会吃下种子，然后把坚硬的种子通过粪便排出体外。

野梧桐是一种只要遇到空地就会迅速生长起来的树木。被鸟类搬运到各处的种子耐心地在地下等待了漫长的时光。从泥土的温度变化而感知地面上的情况，在适当的条件下，它就会抓紧时机长出嫩芽。野梧桐有雌株雄株之分，只有雌株会结果。表面布满颗粒的带刺果实在秋天就会裂开，露出里面的黑色种子。以前人们经常用野梧桐和槲树的叶子来包食物。

从左到右分别是种子、裂开的果皮和果穗。果实上带有残存的雌蕊和小刺般的突起物，表面还布满珠子似的细小颗粒。裂开的果皮会环成一圈掉落在地上。

多花紫藤

- 豆科
- 落叶藤木
- 山野和庭院
- 自动传播
- 花期…4～5月、果熟期…11月～次年1月

花穗的长度有30～50厘米左右，最长甚至达到1米。花朵长约2厘米，从上至下地依序盛开，甘甜的香味经常会把熊蜂吸引过来。在由许多花朵组成的一串花穗中，最终只会结出3个果实。这是因为营养资源有限，只能计划性地限制果实的数量了。

荚果长为10～20厘米，表面长满了天鹅绒般的软毛。到了深秋，荚果熟透变干后就会扭转着裂成两半，把里面的种子迸飞出去。种子为直径1.2～1.5厘米的薄圆盘状，可以像飞盘一样旋转着飞出很远。地面上经常掉满了扭扭曲曲的荚果碎片。

多花紫藤是原产日本的美丽野生植物，最负盛名的就是那在春天盛开的浅紫色花穗了。它还有着粗粗的攀藤，就像“杰克的魔豆”一样缠绕着别的树木攀援到高处。古时候人们就开始栽培紫藤，经常可以看到兼做凉棚的紫藤花架。夏天开始就会垂下大大的豆荚，等冬天豆荚熟透变干后，就会“啪！”地一下子开裂，被迸出来的种子就在空中飞散开来了。现在在中国的长江流域及其以南地区也有引种。

三色堇

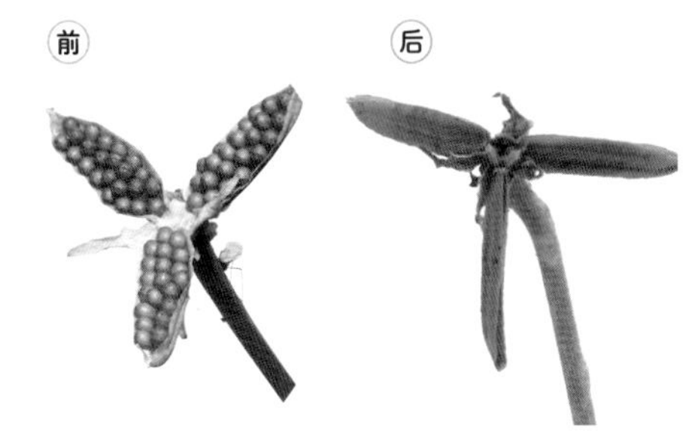

果实成熟后会朝上裂开，然后你看！这些果荚就变成了有3排座位的小船，种子就是在里面正襟危坐的船员呢！随后“小船”慢慢干枯，慢慢变窄，“乘务员”就会一个接一个“嘣！”“嘣！”地被弹到船外去，直到最后全部消失得不见踪影。

老鹳草

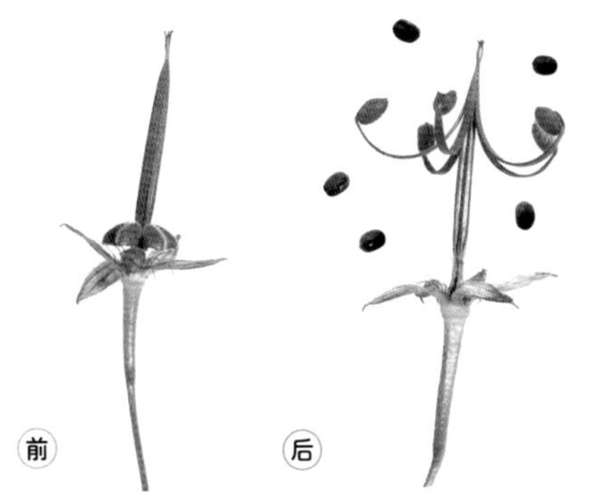

果实像“火箭”一样指向天空，最下端挂着5颗种子。果实成熟变干后，果皮会瞬间向上卷起，种子也就乘势被扔向空中。种子全部飞走后的果实看上去就像一个轿子呢。

金缕梅

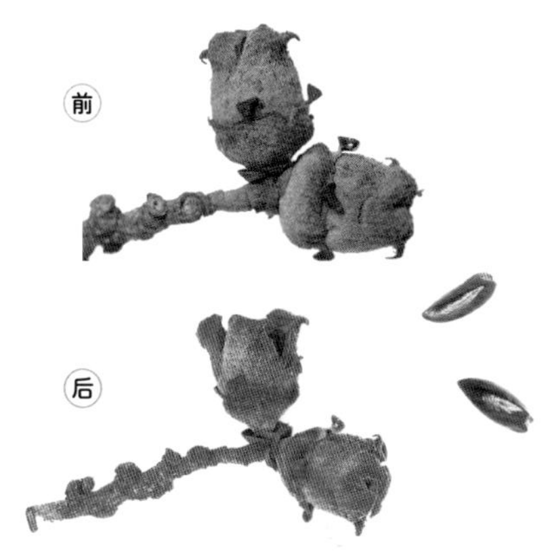

外形神似河马脸的金缕梅果实，在成熟后首先会打开一个小口，隐隐露出里面的种子。然后包裹着种子的黄色外皮（内果皮）就会开始干枯收缩，最后会“嗖”地卷到里面去。而在那个瞬间，种子就会顺势被发射出去。

凤仙花

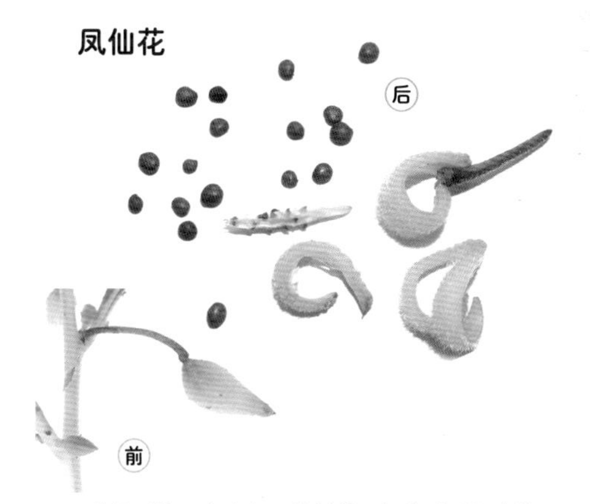

成熟后的果实胀得圆鼓鼓的，好像随时都会撑破。只要轻轻碰一下它，“啪”！果实的外皮会在一瞬间爆开并向内卷起，里面的十几颗种子也就飞散开来了。跟另外几种果实不一样，凤仙花果实是因为外皮吸收了水分不断膨胀，才会破裂开来。

乌桕

- ·大戟科
- ·落叶乔木
- ·公园和街道
- ·动物传播
- ·花期…7月、果熟期…11月～次年1月

乌桕是中国特有的经济树种，已有1400多年的栽培历史，常种植作公园的观赏树和街道的行道树。心形的树叶被风吹动时非常惹人怜爱，到了秋天还会染上红艳的色彩。隐藏在红叶下、泛着白光的不就是长有3颗种子的果实吗？再仔细看看，原来还有绿色和褐色圆形果实呢！果实成熟后果皮就会脱落，露出种子的白色外皮。那些白色的物质是蜡，古时候乌桕和野漆（p.57）都会被种植做蜡烛的原料。主要分布在中国黄河以南各省区，北达陕西、甘肃。

乌桕在夏天开花。长长垂下的是雄花花穗，而在花穗底部则长有几朵雌花。无论雌花还是雄花，都长得非常朴素。

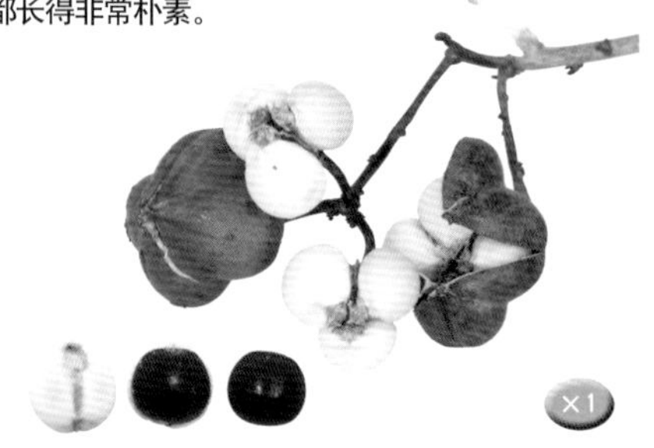

果实成熟后果皮裂开，露出3颗被白色蜡质外皮包裹住的种子，挂在枝头上闪闪发亮。种子本身为深褐色，非常坚硬。蜡质外皮含有高卡路里的油脂，能吸引鸟类吞食然后把种子带到各地。在温暖地区乌桕已经野生化了。

麻雀也会被乌桕果实的蜡质部分吸引。但只是把鸟类吸引过来是没有意义的。必须是灰椋鸟或啄木鸟这样的大型鸟类才能把果实整颗地连着种子吞进肚子，然后把种子传播出去。

臭椿

· 苦木科　· 落叶乔木
· 公园和山野　· 风力传播
· 花期…5～6月、果熟期…10～11月

分别有雌株（左）和雄株（圆图）。雌花和雄花都是直径只有7毫米的朴素的浅绿色小花，但树枝顶端的花序直径能有30厘米左右，分泌出的花蜜会吸引来许多蜜蜂。叶子是大片的羽状复叶。

羽状复叶：长得像鸟类羽毛一样的叶子。

臭椿又名椿树，原产中国，原来是作为观赏树种植在公园里的，但它的种子会被风飞散，现在到处都有野生的臭椿了。鸟羽状的叶子虽然跟漆树很相似，但并不是漆树科的成员，也不会引起皮肤过敏。果实的形状就像是两端轻轻拧折的“糖果包装”。如果把果实捡起来扔向空中，就可以看到它翩翩冉冉地翻飞旋转，可好玩了呢！中国除部分东北、西北省区外，各地均有分布。

雌花的子房在还是花朵的时候就缢缩成5个小室，一朵雌花最多能结出5颗果实。果实长3.5～4.5厘米，轻薄的翅膀中央长着种子，两端有轻微的扭转。因此它的飞翔方式很复杂，可以一边纵向旋转一边描画出大幅度的螺旋状轨迹。只要果实的形状和掉落角度合适，就可以在空中翩翩飞舞。

楝树

- 楝科
- 落叶乔木
- 山野和公园
- 动物传播
- 花期…5～6月、果熟期…11月～次年2月

楝树花在初夏盛开。浅紫色的花大量地聚集在树枝顶端，飘散出清新的花香。花朵直径2厘米，中间有一圈围成圆筒形的深紫色雄蕊。

冬天，干枯的树枝上挂着铃铛似的淡黄色果实的，就是楝树啦。细小别致的叶片和浅紫色的花朵都给人一种清澈凉爽的感觉，因此经常种植于校园和公园里。楝树喜温暖、湿润的气候，分布于中国华北、华南、西南地区。

果实是直径1～1.5厘米的球形或椭圆形，深秋时节成熟后呈淡黄色。果实味道苦涩，即使表皮已经干枯变皱，也还会挂在树枝上不掉下来。到了1～2月，其他树木的果实都已经掉光了，鹎鸟和灰椋鸟就会聚集到楝树这里将它的果实一扫而光。楝树果实的果核有4～6个棱角，而且非常坚硬，里面的种子数量跟它的棱角数量是一样的。

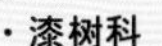

野漆

· 漆树科　· 落叶小乔木
· 山野和庭院　· 动物传播
· 花期…5～6月、果熟期…11～12月

分别有雄株（左）和雌株（右），只有雌株能结果。在6月开花，黄绿色的小花一串一串地聚集在一起。花的直径约5毫米，雌花上有已经退化的短小雄蕊。而雄花那纤长散开的雄蕊看上去就比较华丽了。叶子是羽状复叶（p.55）。

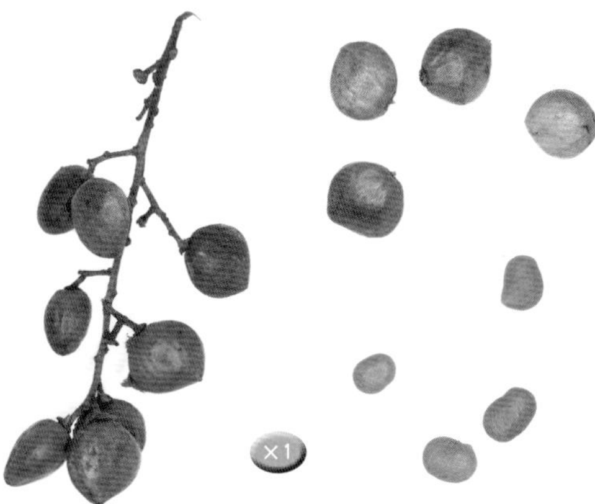

果实宽有8毫米。果肉的纤维质中间满是丰富的蜡质。对于准备越冬的鸟类来说，这些蜡质就是高卡路里的营养食品。当鸟类饱食一顿之后，坚硬的种子就会跟着粪便出来啦。将这些果肉蒸熟压榨，再放太阳底下晒干后，就可以得到用来制作蜡烛（p.120）的原料——白蜡。

野漆多生长于温暖地区的山野里，由于它那美丽的红叶，也常被种植于庭院中。古时候人们为了采集制作蜡烛的蜡，曾经大量种植野漆。在树叶变红的同时，果实也成熟为深褐色，像葡萄般一串一串地挂在树上。果实的颜色虽然朴素，但因含有高卡路里的蜡质，非常受鸟类欢迎。至于那艳丽的红叶，说不定是为朴素的果实招揽鸟类呢。

鸡爪槭（红枫）

- 槭树科（无患子科）
- 落叶乔木
- 山野和公园
- 风力传播
- 花期…5月、果熟期…11～12月

鸡爪槭是槭树科植物的代表性品种。多生长在山野中，也常种植于庭院和公园里。叶片有5裂或7裂。漆树科植物的果实都有着展开的薄翅，并且都是两两成对生长的。就好像是机器猫手中能够飞上天空的竹蜻蜓！果实成熟变干后会一个一个地脱落，然后一边回旋一边跟着风飘向远方。鸡爪槭多分布于中国华东、华中至西南等省区，朝鲜和日本也有分布，入秋后叶片颜色转为鲜红色，异常艳丽，常用作园林观叶树种。

花朵在春天盛开，与新叶的生长时间大抵相同。花朵会10～20朵地长成一串，仔细观察就会发现，这些花串要不就是只有花蕊纤长散开的雄花，要不就是雄花和雌花混杂生长。雌花（圆图）身上就已经长有螺旋桨状的结构了。

鸡爪槭的果实会两两相对生长，中间的角度近乎水平，就好像竹蜻蜓一样。果实干枯变轻之后，会保持这个状态从树上掉下来呢。如果把它们掰开一个一个地扔出去，就会因为重心偏移而在空中高速旋转。

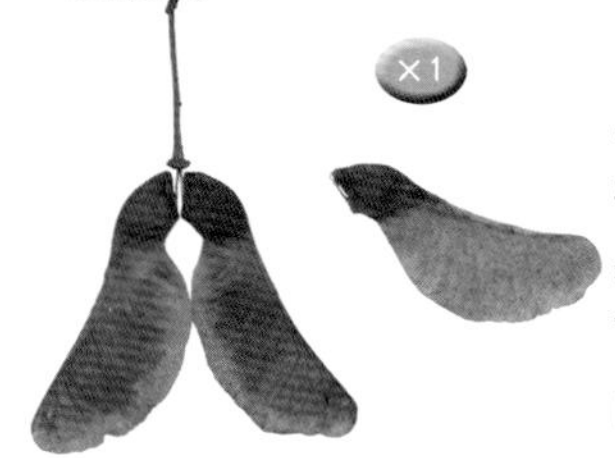

原产中国的三角槭常用作行道树和公园观赏树。果实垂挂在树枝上，两两相对生长，中间组成了一个锐角。

无患子

- 无患子科
- 落叶乔木
- 山野和公园
- 动物传播
- 花期…6月、果熟期…9月～次年3月

以前，板羽球※的毽球底座就是用无患子的种子来制作的。这种叶片像鸟羽一样的落叶树枝条浓密宽广，常见于公园和寺庙中。秋天，圆形的果实发育成熟，变成独特的焦糖色。到了春天，它们才啪嗒啪嗒地掉落在地面上。果实是半透明的，对着光线看过去就可以观察到里面圆形的种子，捏起来还会发出咕噜咕噜的声音。以前人们会把果皮用来洗衣服，把种子打磨成念珠。多分布于中国东部、南部至西南部。

※板羽球：以木板拍击羽球的一种球类运动。

叶柄基部没有托叶的大片羽状复叶（p.55）是无患子的特征。在夏天开花，枝头上的是雄花和雌花混杂生长的花穗。雄花雌花都是直径只有4～5毫米的淡绿色小花。

果实直径2～3厘米。每朵雌花中会有3个能发育成果实的结构（心皮），其中一个最终发育成果实，剩下的两个就会像壶盖一样留在果柄上。种子直径1～1.3厘米，黑色坚硬，经常用来制作念珠和板羽球的底座。在山上的无患子果实会被老鼠等动物搬运传播。

无患子果实的果皮含有称为皂苷的可以起泡的成分。把剥下来的果皮和少量清水放进瓶子里摇晃的话，就能打起许多泡泡来。

日本七叶树

- 七叶树科（无患子科）
- 落叶乔木
- 山野和公园
- 动物传播
- 花期…5～6月、果熟期…9月

宽大的叶片像手掌一样伸展开来，上面耸立着高达25厘米的花穗。虽然一串花穗上长有许多花朵，但最终只有几朵能够发育成果实。到了秋天，树上就会出现乒乓球大小的果实。

带有果皮的果实（左）和种子（右边的两个）。果实直径3～5厘米，熟透后会裂成3瓣，掉出1～2颗种子。种子含有丰富的淀粉，把它磨成粉末，再用水冲洗掉杂质之后可以食用。

日本七叶树经常生长于山涧的周边，也常种植作公园观赏树和行道树。跟巴黎有名的行道树——欧洲七叶树（p.73）是同家族的近亲，外形也非常相似。人们会用它那大颗的种子加工成年糕和糯米团子。虽然工序很麻烦，但做出来的年糕真的好吃得让人连舌头都要吞掉呢！日本七叶树原产日本，已引种中国，分布于华北、华南地区部分省市。

掉落在地面的果实和种子。山里的松鼠和老鼠们会把它当做过冬的粮食收集储存起来，吃剩下的一部分种子就会在春天发芽。

全缘冬青

·冬青科	·常绿乔木
·庭院和公园	·动物传播
·花期…4月、果熟期…10～12月	

全缘冬青是温暖地区常见的常绿树，厚实发亮的叶片和红色的果实非常美丽，常种植于公园和庭院里。树皮含有跟口香糖一样黏黏的“粘鸟胶”成分，以前人们会把这些成分刮下来抹在棍子的前端，然后用来捕捉小鸟和昆虫。全缘冬青分别有雄株和雌株，雌株在秋天会挂满鲜红的果实。铁冬青和具柄冬青也是能结出美丽红果的冬青家族成员。

花朵在春天盛开，是直径约5毫米的黄白色小花，毫不起眼。分别有雄株和雌株，照片里的是雄株。雄花长有已经退化的雌蕊，而雌花则长有已经退化的雄蕊。由此我们可以知道，它的祖先是既有雄蕊又有雌蕊的两性花。

果实直径大约1厘米，顶端的黑色部分是残留的雌蕊柱头。里面有4颗表面粗糙起皱的种子。

同家族的铁冬青也是公园和街道上常见的绿化树。有雌株和雄株之分，雌株能够结果。铁冬青果实很小，直径只有6毫米，但它们会满满当当地聚集在枝条上，一起成熟变红后看起来可壮观了。圆图里的是具柄冬青，它的果实会垂挂在长长的果柄上。

南京椴

- 椴树科（锦葵科）
- 落叶乔木
- 寺庙和公园
- 风力传播
- 花期…6月、果熟期…9～11月

南京椴原产中国，传说与佛祖有渊源，也被称作菩提椴，中药里将其树皮、花称为“菩提树皮”和“菩提花”，经常种植于寺庙之中。但其实，释迦牟尼顿悟成佛时所倚靠的真正的菩提树应该是一种桑科植物，而南京椴与真正的菩提树外形相似，所以就成为了它的“替身”。南京椴的果实就像是一架外形独特的直升机。刮片形状的叶子就是螺旋桨，带着乘务员——小圆果脱离树枝，一边旋转着一边慢慢降落到地面上去。现在中国江苏省、安徽省、上海市、浙江省、江西省等地多有分布。

心形叶片的背面是粉白色的。另外还有跟叶片不同的、刮片形状的苞片，苞片背面的中间位置会长出花序梗。花序梗跟苞片的叶脉是连在一起的。

苞片：附在花或果实上的特殊叶片。

花序：花朵的集合。

一个花序的众多花朵里，最终只有1～3朵能够发育成果实。果实成熟后，苞片就会变成旋桨机翼，带着果实旋转着缓缓降落。果实是直径8毫米的小圆球。

同家族的华东椴是能在山野里繁茂生长成巨树的落叶树，也常种植作行道树。果实直径5毫米，顶端是尖的。

木半夏

· 胡颓子科　· 落叶小灌木
· 庭院和山野　· 动物传播
· 花期…4～5月、果熟期…6～7月

木半夏是山野中常见的灌木。胡颓子科植物的叶片背面都像贴了银箔一样闪闪发亮，这是它们的特征，而木半夏连红色的果实都覆盖着闪亮的银箔。一些菌类会寄生在它的根部给它提供营养，所以它在贫瘠的土地上也可以茂盛生长。木半夏的果实涩味少、甘甜美味，常作为果树培养种植。另外，同家族的牛奶子的果实也非常酸甜美味。

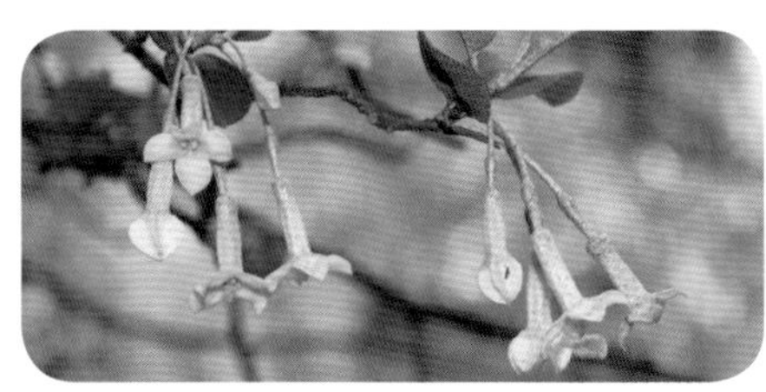

花朵在夏天盛开，带有甘甜的香气。花朵的侧面和花柄上都覆盖着闪闪发光的鳞片。叶片的背面也铺满了银色的鳞片，其中又有一些分散的深褐色鳞片。

果实的长度为1.5厘米左右，表面也铺有银色发亮的鳞片。味道甘甜，带有些微的苦涩，但苦涩的味道不会残留在口腔中，吃起来还是很美味的。种子长约1厘米，表面有8道沟槽。

同家族的牛奶子多生长于河滩和田野，叶片比较细长。果实在秋天成熟，圆形的小果直径只有8毫米左右，味道酸甜可口。

梧桐

- 梧桐科
- 落叶乔木
- 市区和公园
- 风力传播
- 花期…7月、果熟期…9～10月

梧桐生长得很快，经常种植在公园和街道两旁。宽大开裂的叶片和整体树形都跟毛泡桐（p.79）很像，不同的是，梧桐的树枝和树干是绿色的。秋天，小船形状的果实成熟后就像一大束枯叶，聚集在一起沙沙作响，然后一边旋转一边从树上落下，圆滚滚的种子就小心翼翼地“坐”在小船边上。真是越看越觉得不可思议的神奇的果实小船。梧桐原产于中国和日本，现在中国华北至华南、西南地区广泛栽培。

梧桐花盛开时会聚集成一大串的花序。花朵直径约1厘米，分别有雄花和雌花。向外卷曲的5枚花萼起着花瓣的作用。

一朵雌花可以结出5颗完整的果实。果实就像一个小袋子，里面装满了水。到了7月末，它就会从上至下裂开，变成小船的形状。由于是从顶端开始慢慢裂开的，里面的水不会一下子洒出来。

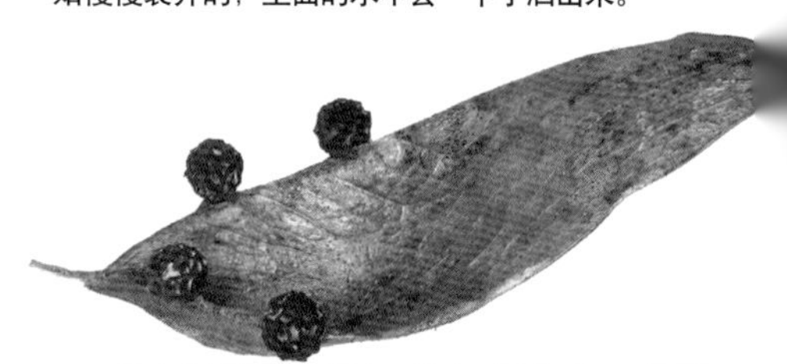

果实小船长5～9厘米，边上“坐”着2～4颗种子，在空中一边旋转一边轻轻落下。种子的外皮皱皱的，那是因为在水里泡太久了吧。

随风飞散的种子（2）

长翅膀的种子——梧桐

在种子周围伸展开来的薄翅状的部分就叫做果翅。梧桐和鸡爪槭等植物的种子，重心偏移在“翅膀”的一边，所以会一边旋转一边飘落，然后乘着风势移动到远处。

春榆种子的重心靠近中间，因此被风吹动的时候不会旋转，或者只会轻轻地翩翩舞动。凌霄种子的重心在“翅膀”的中间前侧，会像滑翔机一样在空中飞舞。

带绒毛的种子——西洋蒲公英

还有一些种子，它们的顶端长着一束非常纤细的绒毛，可以轻飘飘地浮在空中。这样的种子在遇到温暖上升的气流时，就能够飞到很高的地方，所以多见于长得比较矮的草本或藤本植物。

蒲公英和蓟的绒毛是由萼片变形发育而来的，叫做冠毛。亚洲络石的绒毛是由种子的一部分变化而成的，叫做种毛。

山桐子

- 大风子科
- 落叶乔木
- 山野和公园
- 动物传播
- 花期…5月、果熟期…10月～次年2月

山桐子生长在山野树林和公园里。从秋天到冬天，它那平展浓密的枝条上都挂满了像葡萄串般的鲜红果实。树干的形状跟毛泡桐很相像，以前日本人会用它的树叶包裹米饭，所以把它叫做“饭桐”。分别有雄株和雌株，只有雌株才会结果。虽然果实长得很好看，但果肉又臭又苦，即便过了元旦也不会被鸟类吃掉，依旧挂在光秃秃的树枝上。山桐子现分布在中国西北地区南部，朝鲜也有分布。

分别有雄花（左）和雌花（右），都没有花瓣。雄花直径约1.5厘米，长有许多醒目的黄色雄蕊。雌花则是朴素的绿色。花朵带有甘甜的香味。

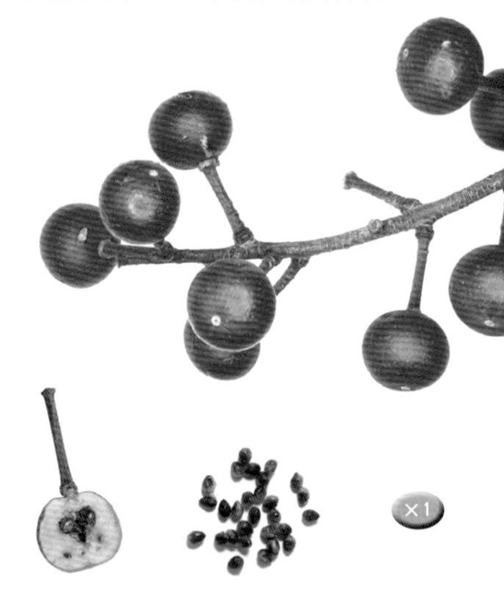

一串果穗的长度有20～30厘米。果实直径约一厘米，长得很像南天竹的果实（p.38），但黄色的果肉中间有几十颗种子。种子长2毫米，果肉又臭又苦，非常难吃。当日本女贞的果实被吃光后，鹎鸟才会跑到这里来寻找食物。可能是因为它的味道太难吃了，所以需要调整种子的传播时期来适应生存。

紫薇

- 千屈菜科
- 落叶小乔木
- 庭院和公园
- 风力传播
- 花期…7～9月、果熟期…11～12月

紫薇有6枚花瓣，长得纤柔皱卷，就像是纸制的工艺品一样。虽然每朵花的寿命只有短短的两天，但是它会接二连三地长出新的花蕾，虽然没有达到100天，但还是能够在7～9月的漫长盛夏里不断开出绚烂的花朵。

果实直径为1厘米左右，外形浑圆，成熟干枯后会像彩球一样裂开成6瓣，里面带有薄翅的种子就会轻轻旋转着掉落下来。种子长约7毫米。可能是生长在圆形果实中间的原因，种子的背面也长成了优美的弧形。

紫薇是中国原产的园艺植物，因为树干光滑，日本人把它称为“猿滑树”，认为它的树干滑溜溜的，连擅长爬树的猴子都爬不上去呢。紫薇又有“百日红”之称，又有“盛夏绿遮眼，此花红满堂”的赞语。因为它那红色的花朵会从夏天一直盛开到秋天。在那些像纸制工艺品一样繁复美丽的紫薇花凋落之后，就长出了彩球般的圆形果实。在树叶变红的时候，熟透的果实就会裂成6瓣，里面可爱的种子就会滴溜溜地旋转着散落下来。

青木

- 山茱萸科（青木科）
- 常绿灌木
- 山野和庭院
- 动物传播
- 花期…3～4月、果熟期…12月～次年3月

青木有雌株（左）和雄株（圆图）之分，如果附近没有能够散播花粉的雄株，雌株就没办法结果了。最终，英国人把雄株运到了英国，然后才结出了红色的果实。雌花和雄花都是巧克力色的，直径约为一厘米。雄株的花比较多。

果实长1.5～2厘米，直径为1～1.3厘米。鹎鸟等体型较大的鸟类会把它作为食物。它的种子虽然没有坚硬的外壳，但富有弹性，会随着粪便被鸟类排出体外。偶尔看到的变形果实是被青木瘿蚊寄生后长成虫瘿的坏果，不会变成红色，里面也没有长出种子。

青木多生长在温暖地区的树林里，现在也经常种植于庭院和公园里。它的名字由来于那浓绿色的枝条。在冬天，那亮绿色的叶片和鲜红色的果实组成了抢眼的圣诞色彩。19世纪60年代，到访日本的英国人被它的美丽深深吸引，就把几株带有果实的青木运回了英国。但是，等了许多年那几株青木都没有再结出果实。开花却不结果的原因是什么呢？

大花四照花

- 山茱萸科
- 落叶小乔木
- 街道和公园
- 动物传播
- 花期…4～5月、果熟期…10～12月

那些看上去像花瓣的部分是“总苞”，是由簇拥着花序的叶片添上颜色并且变形而成的。四照花的总苞有4枚，顶端是圆弧形的。根据品种的不同分别有粉红色和白色的。

一个花序的十数朵花中，只有一半能够结出果实。果实长约1.2厘米，中间有一颗坚硬的种子。成熟时呈鲜红色，试吃一下就会发现它非常苦涩。它的形状让鸟类能够整颗吞进肚子里，然后把种子带到其他地方。日本四照花为了迎合猴子的喜好，把整个果序长成了一颗球形的甘甜水果。而在没有猴子的美国，大花四照花为了迎合鸟类，才进化成鸟儿容易吃的形状吧。

大花四照花原产于北美，无论是花朵、果实还是红叶，都非常美丽，因此常种植于公园和街道上。叶片和花朵都跟日本四照花（p.70）十分相似，但果实就长得完全不一样了。看起来像1朵花的部分其实是许多花朵的集合。之后就会结出像金平糖※一样的、由约10颗果实聚生而成的果序，成熟后呈美丽的红色，但味道苦涩。大花四照花跟日本四照花有着共同的祖先，但分别生长在美国和日本的它们为什么会产生差异呢？

※金平糖：日本一种外形像小星星的传统糖果。

日本四照花

- 山茱萸科
- 落叶乔木
- 山野和公园
- 动物传播
- 花期…6月、果熟期…9～10月

日本四照花是山中常见的落叶树，也种植于庭院和街道上。那4枚看上去像花瓣的结构是总苞，在中间聚集成球形的才是真正的花朵。日本四照花的整个花序会发育成1个球形的果实，到了秋天成熟后就会变成珊瑚色掉落在地面。果实的味道令人惊叹，简直就是无比甜美的热带水果！

花朵在梅雨时节盛开。白色的总苞顶端是尖的，直径为10厘米。中间是由20～30朵小花聚集而成的小圆球（圆图）。花朵黄绿色，直径为4毫米。

总苞：由簇拥着花序的叶片变形而成。

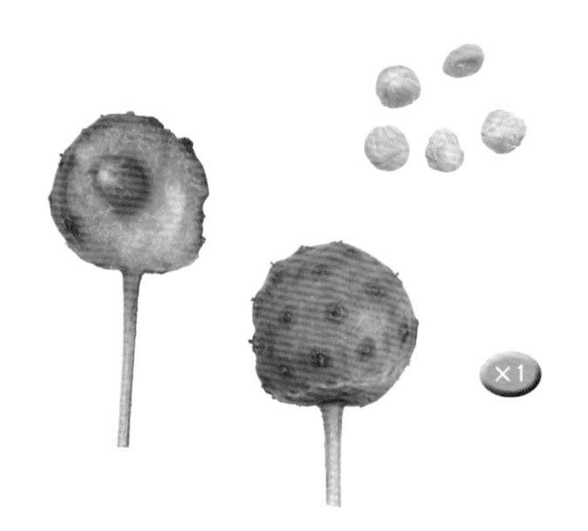

果实在秋天成熟。看上去像一整颗果实，其实是由许多果实融合为一体的聚合果，只有那足球纹路般的外皮能依稀看出一颗一颗果实的痕迹。熟透后里面会变得柔软绵滑，有着甜甜的味道和香气，就跟芒果一样美味。里面有一至数颗种子，非常坚硬。在山中主要靠猴子吃下果实传播种子。

八角金盘

· 五加科 · 常绿灌木
· 山野和公园 · 动物传播
· 花期…11～12月、果熟期…3～5月

花朵在初冬盛开。白色的花朵聚集成乒乓球大小，堆砌出层层叠叠的花瓣和花蕊。花朵会先长出雄蕊（上圆图），等花瓣和雄蕊凋落后雌蕊才会伸展开来（下圆图）。花朵的上侧面呈海绵状，会分泌花蜜。

八角金盘常见于温暖地区的沿海森林里，能够适应强烈的日照，常种植于庭院和公园中。它的名字来源于手掌状深裂的叶片。在初冬时期，像烟花般的白色花序就会出现在叶片的上方。到了来年春末，果实才会成熟变黑。仔细观察就能发现，果实顶端盖有一个灰色的小帽子，上面还有几根头发呢！为什么它的样子会长得这么奇怪呢？

果实直径7～10毫米，成熟时呈酒红色或黑色。那个灰色的小帽子其实是花朵中沁出花蜜的部分，而顶端的头发就是宿存的雌蕊。果实里一般会有5颗种子，每颗种子长约4～5毫米，外形平扁。

野茉莉

- 野茉莉科
- 落叶乔木
- 山野和公园
- 动物传播
- 花期…5月、果熟期…10～11月

野茉莉是一种花和果实都非常清新可爱的山中常见树木，现在也经常种植于公园里。咬破果实的果皮有一股强烈的辣味（让喉咙感到火辣辣的味道），因此日本人把它称为“辣树”。秋天，果皮干枯皱裂，坚硬的种子就悬挂在枝头上。一种叫山雀的小鸟（上圆图）会剥开种子的外壳啄食里面的果仁，另外还会把一部分种子埋到地下储存起来。被遗忘掉的种子就会在春天发芽冒出地面。野茉莉的小坚果就是等待山雀的光临呢。

花朵在5月盛开。直径约2.5厘米的白色花朵几个几个地聚集成串，垂挂在树枝上，散发着甜美的芳香。

果皮中含有的辛辣成分是可以起泡的皂苷。把未成熟的果实捣碎放进水里摇晃，就可以制造出泡沫，以前人们就用它来洗衣服。坚硬的种子还可以用来玩过家家和装进沙包。

有时候会在野茉莉的枝头上发现一些小小的像香蕉串一样的东西。这其实是被一种蚜虫寄生后形成的虫瘿（p.12），叫做“野茉莉小足”。蚜虫就在虫瘿中间繁殖，然后在禾本科的柔枝莠竹之间生活。圆图是虫瘿的横切面。

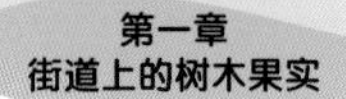

被动物搬运的种子（1）

胡桃和橡子等由坚硬的外壳包裹住美味果仁的果实，叫做坚果。松鼠除了会咬破果壳吃掉里面的果仁，还会把坚果搬到别的地方，一颗一颗地埋在地下储存起来，等过冬的时候慢慢挖出来吃。被埋起来的坚果里，总会有一些被剩下来，然后发芽生长。也有一些种子，例如野茉莉，会被鸟类搬走储存起来。

山毛榉

北方地区森林中常见树种。
坚果小但营养丰富，呈三角形。

欧洲七叶树

它是日本七叶树（p.60）的近亲，果皮（左）长满了小刺。也是通过被松鼠和老鼠搬运埋藏种子的方式传播。

茶树

山茶科的常绿树，茶叶就是用它的树叶做成的。球形的种子含有油脂。

朱砂根

- 紫金牛科
- 常绿灌木
- 山野和庭院
- 动物传播
- 花期…7月、果熟期…11月～次年6月

朱砂根的果实鲜红美丽，经常在正月里拿来做装饰。圆溜溜的果实就像害羞的小姑娘一样，垂着头躲在绿叶的阴影里。在日本，人们赞美它那美丽的果实价值万两，所以把它称为“万两”，跟名字相似的“千两”（p.39草珊瑚）一起被认为是很吉祥的植物。朱砂根作为园艺植物被引进到了美国南部，后来由于鸟类大量搬运它的种子，把它散播到自然森林里，现在朱砂根已经变成了令当地人苦恼的外来物种。

花朵静静地在盛夏时节盛开。花朵白色，直径为8毫米，花瓣向后弯转，稍微有点下垂。

×1

果实圆球形，直径6～8毫米，顶端有枯萎的宿存雌蕊。鲜艳的红色经常吸引鸟类来啄食，但因为味道不是很好，所以到来年开春（甚至夏天）的时候还会有一些果实挂在枝上。大概是因为朱砂根果实水分多且味道淡，又没什么营养，所以小鸟每次都只会吃一点。但也正因如此，它的种子逐次少量地被运到各地，传播的范围就变得更广了。种子直径5～6毫米，表面有像线球般的纹路。

日本女贞

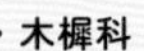

· 木樨科 · 常绿小乔木
· 山野和公园 · 动物传播
· 花期…6月、果熟期…11～12月

大多数木犀科植物的花朵都会有甜美清新的香味，但日本女贞的花朵却不怎么好闻。花朵直径约5毫米，花瓣顶端有4裂。

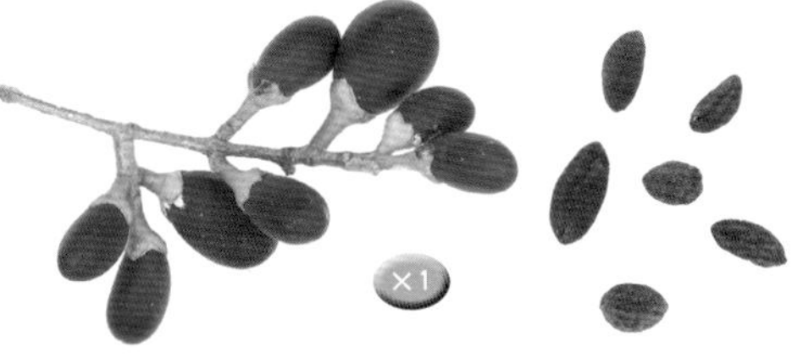

果实长1厘米左右，成熟时为灰紫色。里面有1～2颗种子，鸟类会吃下果实传播种子。

中国女贞是原产于中国的相似品种，常种植于城市里的公园等地方，还有一些已经野生化了。花期比日本女贞稍晚，为6～7月。秋天时果实成熟，外形比日本女贞圆润，表面带有白色粉末，种子的形状也跟日本女贞不一样。

日本女贞是温暖地区的常见植物，也经常种植于庭院和公园里。它的叶子跟冬青（p.61）很相似，而黑色细长的果实容易让人联想起老鼠的粪便，所以日本人把它称为“鼠冬青”。鹎鸟很喜欢日本女贞的果实，树上满满当当的果实在过年前就会被吃光。日本女贞叶有清热解毒的功效，是兼具营养和药理作用的植物资源。

栀子

· 茜草科　· 常绿灌木

· 庭院和山野　· 动物传播

· 花期…6～7月、果熟期…11月～次年1月

花朵直径约6厘米，有类似茉莉花的香味。还有一些花朵更大的园艺品种。长在花瓣根部的细长小管是用来储存花蜜的。花粉通过飞蛾来传播。

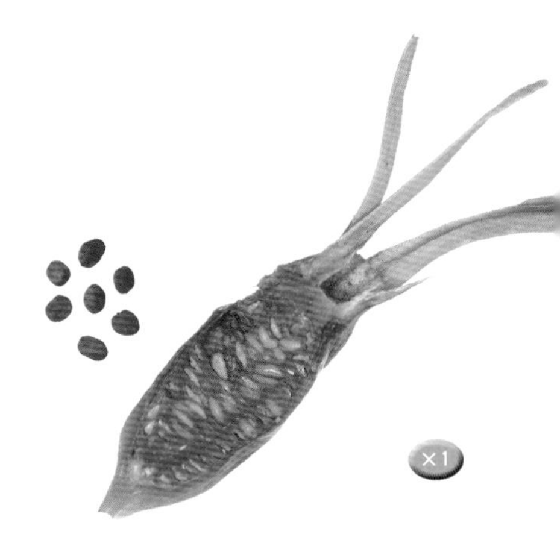

栀子有着清香的花朵和能用作染料的果实。纯白色的花朵散发着迷人的香气。现在经常种植于庭院和公园里，而它原本是温暖地区常见的植物。朱红色的果实可以提取出黄色的色素，在做日式腌萝卜、金团糕或者点心的时候用来上色（p.112）。栀子果实的形状非常独特，因为熟透后也不会开裂，所以日本人把栀子称为“口无”。日本围棋棋盘的支脚就是仿照栀子果实的形状来做的。

果实的顶端有宿存的萼片。果实成熟成橙色的时候，果肉和果皮也变得软软的，小鸟用嘴轻轻一戳就能戳出个小洞，然后吃掉里面的果肉。果肉中堆满了朱红色的坚硬种子。种子直径约3毫米，形状扁平。照片中的果实一共含有近200颗种子。干枯后的果实可以用来给食品上色（p.112）。

日本紫珠

・马鞭草科（唇形科）　・落叶灌木
・山野和公园　・动物传播
・花期…6～7月、果熟期…10月～次年1月

日本紫珠多生长于杂木林中，也会种植于庭院里，在秋天会结出像宝石般光彩亮丽的紫色果实。它那美丽的紫色让人们联想起日本平安时代的女作家紫式部，因此日本人直接用“紫式部”作为它的名字。靠鸟类传播的果实大多数长成红色或黑色等显眼的颜色，紫色的果实是很少见的。果实小粒柔软，绣眼鸟等嘴巴比较小的鸟类也能把果实吞下并将种子带走。

直径3~4毫米的淡紫色花朵贴附着叶片盛开。长长的雄蕊给它带来了纤细的形象。在以DNA结构为依据的最新分类系统中，日本紫珠被分类到唇形科中。

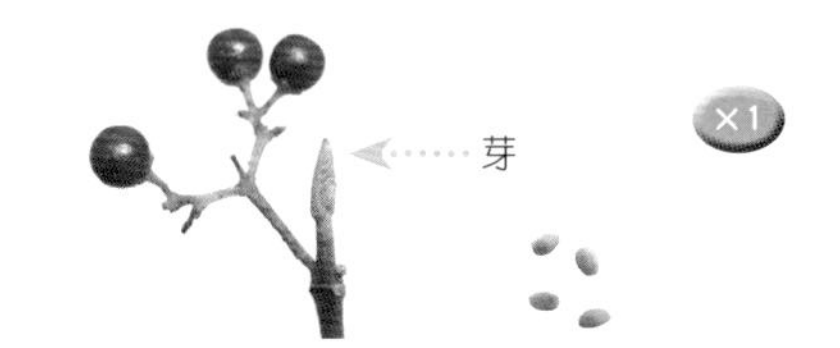

果实直径约4毫米。果肉是白色的，质感柔软，带有淡淡的甜味。一个果实里面有4颗种子。越冬的幼芽外面没有鳞片，只被单薄的幼叶，这种芽就叫做“裸芽”。长出裸芽的植物大多生长在温暖地区，这就表示，日本紫珠是从南方迁移过来的。

一般市面上培育的日本紫珠，其中大半是它的近亲白棠子树（上图）。果实的直径约5毫米，满满当当地聚集在弯曲下垂的枝条上。

枸杞

- 茄科
- 落叶灌木
- 山野和路边
- 动物传播
- 花期…7～11月、果熟期…9～11月

枸杞是常生长于光线充足的田野上的灌木，高度为1米左右。向四面八方生长的枝条上到处长满了锐利的尖刺。枸杞是茄科的药用植物，红宝石般的果实外形跟辣椒有些相似，生吃的话会有些隐约的甜味和苦味。干燥后的果实是市面上常见的食品，可以用来做菜或者泡药酒。它的嫩叶也是一种美味的蔬菜，用来煮汤非常好吃！枸杞原产于中国，现分布于中国西北、东北部以及西南、华中、华南各省区，“宁夏枸杞”尤为知名，成为“中药四宝”之一。

花朵是漂亮的紫色，在夏天至秋末期间不断轮番盛开。花朵直径约1厘米，花冠裂成5片往外平展，露出中间的5根雄蕊。盛开后的花朵会慢慢变成浅褐色。

果实长1～1.5厘米，果肉的质感就跟小番茄一样。顺滑多汁的果肉里填满了种子。一颗果实里面长有几颗到十几颗直径约有2.5毫米的扁平种子，种子会跟果肉一起滑进口中。野外生长的枸杞会吸引鸟类过来啄食并散播种子。

白英是茄科的藤本植物，常生长于山野中。它那圆形的果实长得跟枸杞很像，但有毒，不可直接食用。

毛泡桐

· 玄参科（泡桐科） · 落叶乔木

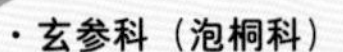

· 村庄 · 风力传播

· 花期…5月、果熟期…11月～次年1月

在5月，经常可以见到树枝上耸立着高达50厘米左右的大串毛泡桐花束。花朵长5～6厘米，是漂亮的淡紫色，赶在叶片长出来之前盛开，远远看过去十分显眼。

毛泡桐原产于中国南部，以前曾作为衣柜等家具的材料被大量种植。轻得像灰尘一样的种子可以乘着风飘散到很远的地方，幼苗迅速成长，生长出大片的树叶。它的传播策略就是播散数量庞大的种子，增加概率让自己的种子飘落在光线充足的地方。上面的照片是在夏天拍的，可以同时看到当年刚长出来的幼果（绿色）和前一年已经裂开的果实（褐色）。

果实长3～4厘米。从照片（纵切面）看来，果实中间分成两个小房间，里面填满了微小的种子。秋天，果实变干变硬，然后从顶端开始裂成两半，里面的种子就会被风吹散开来。种子长3～4毫米，肉眼看上去就像灰尘一样。但是透过放大镜观察，就会让人大吃一惊。种子的边缘上长着两三层裙裾般的薄翅，就跟芭蕾舞演员的服装一样华丽。

珊瑚树

· 忍冬科（五福花科）　· 常绿小乔木
· 街道和山野　· 动物传播
· 花期…6月、果熟期…8～10月

珊瑚树跟荚蒾（p.109）是同属的植物，它们的小白花会聚成15厘米左右的花序（花朵的集合）。这些花会引来熊蜂和青凤蝶。

果实长7～9毫米。未成熟的红色果实会长时间地挂在树枝上，然后在秋天时逐渐变熟。成熟的黑色果实一下子就被眼尖的小鸟吃掉了，所以看上去就只有红色的果实。熟透的果实会变成黑色，十分容易分辨。未成熟的果实和果梗则是红色的，非常抢眼。实在是巧妙的战术。果实中间有一颗坚硬的种子，长6毫米，侧面有一处凹痕。

珊瑚树常种植于庭院和公园里。肥厚发亮的叶片含有许多水分，很难燃烧，所以可以用作兼具防火作用的绿篱。由于它的果实会在秋天变成鲜红色，看上去就像是珊瑚珠子，所以称作珊瑚树。但其实红色的是又硬又涩的没有成熟的幼果。完全熟透的果实会变成黑色，果肉柔软味道酸甜。小鸟只会啄食黑色的果实，逐一把那些“做好准备”的种子运走。

棕榈

· 棕榈科　· 常绿乔木
· 庭院和绿化带　· 动物传播
· 花期…5～6月、果熟期…11月～次年2月

上图中是花期时的雄株（左）和雌株（右）。另外还有少数个体会长出同时拥有雄蕊和雌蕊的两性花。那些布满树干的粗糙纤维可以用来做成园艺用的绳索或扫帚。

成熟后的果实（左）长1厘米左右，表面覆被白色粉末。黏糊糊的果肉里面有一颗坚硬的种子（右）。主要靠鹎鸟进行传播。

棕榈是生长在亚热带的椰子的近亲。直径80厘米裂片深长的叶子是它的特征。温暖地区的庭院和公园里也常有种植。分别有雄株和雌株，雄花的花蕾看上去就像鱼子一样。果实直径约1厘米。这些小小的“椰子”是鹎鸟非常喜爱的食物。小鸟吃掉果实后就把种子散播在各处，导致在城市近郊也经常见到野生的棕榈。

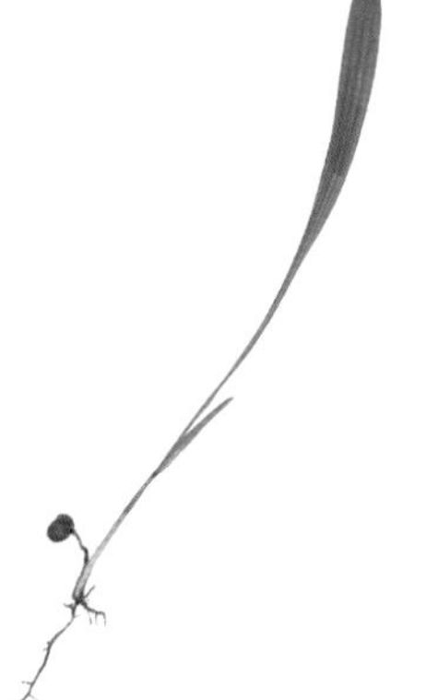

照片中是刚刚发芽的棕榈。最初长出来的叶片并不会开裂。在光线不强的森林中也能够健康生长。由于热岛现象※，近年城市里的棕榈越发多了起来。

※热岛现象：指城市因大量的人工发热、建筑物和道路等高蓄热体及绿地减少等因素，造成城市“高温化”。

小专栏

种子与克隆

植物与动物的不同之处，不仅仅是无法行动和拥有休眠能力这两种。植物，就像可以从指尖生出孩子一样，它们能够制造出自己的分身——也就是克隆（无性繁殖）。它们可以把身体的一部分转化成球根、块根、繁殖芽或者匍匐枝，进而成长为新的个体。马铃薯等大多数多年生草本植物就是利用这个方式繁殖的。至于树木中的野梧桐（p.51）和刺槐，则会从树根的各个地方长出幼芽来繁殖。外来物种刺槐就依靠这个能力在短时间内从一棵树生长成一片森林。

用克隆来繁殖是非常便利的方法。如果要从花朵发育成果实，就需要引诱昆虫过来授粉、招呼动物过来搬运种子，所费的精力可不少。另一方面，如果用克隆繁殖，一下子就可以把后代制造出来了。而且不分雌雄，繁殖的速度也快很多。

那为什么还要费力去制造种子呢?

种子主要有两大优点。第一，可以超越时空进行大范围的旅行。第二，开出花朵、与其他花朵的花粉结合、进而孕育出种子，这样就可以创造出各种各样的后代了。只要有了形形色色的后代，就算是在不断变化的环境中也可以让自己的种族顺利地延续下去。

正因为如此，植物才会开花结果，并把自己的种子散播出去。

▲ 长在道路上的野梧桐。小鸟把种子散播各处，连沥青地面的缝隙里也能长出幼芽。

▲ 盛开在深山峡谷里的刺槐。虽然跟槐树一样可作为蜜源植物，但因为它的无性繁殖速度太快，在日本已经成为了令人困扰的外来物种。

▲ 从刺槐根部长出来的新芽。在杂草中间繁密地生长开来。

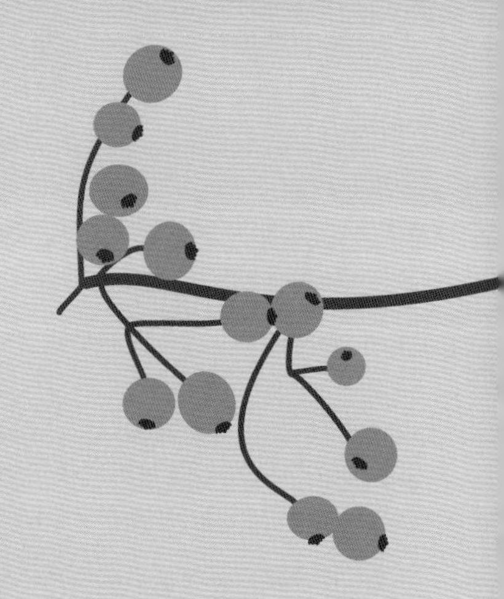

第二章
大自然中的树木果实

胡桃楸

- 胡桃科
- 落叶乔木
- 山岭和河畔
- 动物传播
- 花期…4月、果熟期…9～10月

雄花（左）和雌花（右）。雄花聚集成长长的花穗垂挂在树枝上，花粉随风飞散。雌花那红色的柱头会伸展成皱褶状，粘住飞过来的花粉。

从上到下分别是裹着厚皮的果实、剥掉一半果皮的果实、带硬壳的果实、剥掉一半外壳的果实。储存着脂肪的子叶就这样被重重保护起来。子叶里的脂肪为幼芽穿过落叶层向上生长提供能量。松鼠和老鼠会把果实带走并埋起来，忘记吃的一部分果实就会发芽生长。

胡桃楸就是生长在山林和水边的野生胡桃。虽然树上都是被绿色厚皮包裹住的果子，但等它成熟掉落后果皮就会腐烂，露出里面带坚硬外壳的果实。这些果实的外壳比人工培育的胡桃更厚，所以更难敲开。拥有坚实牙齿的松鼠和森林里的老鼠会咬破硬壳吃掉里面的果仁。相对的，它们也会把一部分果实搬运并埋藏起来，帮助胡桃楸传播种子。水边的胡桃楸果实可随着水流漂到别处。

顺水漂流的种子

有一些种子会顺着水流进行生存之旅。这些种子或者被轻盈的栓皮层包裹着，或者把空气储存在硬壳里面，让自己能够浮在水面上。有时候甚至会被冲进海里然后飘流到几千千米外的海岸上。

水黄皮

生长在西南诸岛的豆科乔木。坚硬的豆荚能够在海上漂流传播。

银叶树

常见于亚热带地区的水边。果实外形总让人想起奥特曼的眼睛，里面储存着空气，所以能够浮在水上顺流而下，或者在涨潮的时候四处漂流，最后在新的岸边泥地里生根发芽。甚至还会乘着海流冲到海岸上。

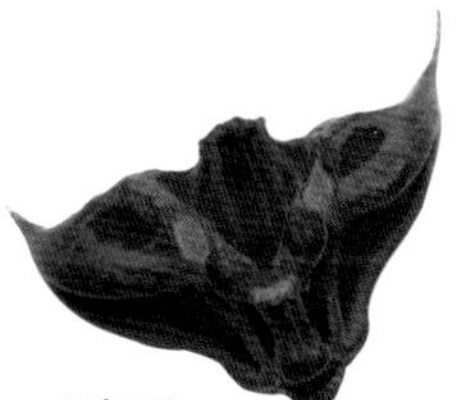

丘角菱

沼泽里的水生植物。果实跟着水流漂浮，两端突起的逆刺则是它的“锚”。

木榄

亚热带红树林（沿海湿地森林）中的常见植物。果实会直接挂在母株的树枝上发芽，随后新芽离开母株在水面漂流。

日本桤木

- 桦木科
- 落叶乔木
- 水边
- 风力传播
- 花期…12月～次年2月、果熟期…10～12月

冬天，长长的雄花（左）花穗就垂挂在树枝上。由于是风媒花，风一吹雄花就会散发出大量的花粉，是引发花粉症的原因之一。雌花（右）则聚集成向上翘起的短花穗，伸出红色的柱头接受花粉。

风媒花：利用风力传播花粉的花。

那些是手指大小的迷你松果吗？不是。叶子也跟松树不一样。这其实是长在水边的落叶树——日本桤木的果穗，也就是聚集起来的果实。它跟松果一样，潮湿的时候会闭合起来，干燥的时候才会张开鳞片让坚硬的种子散落下来。在嫩绿色的果穗长出来的时候，树上还残留着以前的旧果穗，还会跟着或潮湿或干燥的天气开开合合呢。

上图中是干枯的果穗。松果般的果穗长1.5～2厘米。从间隙中掉出来的种子才是真正的果实。扁平的种子长3～4毫米，会被风吹走或掉到水里流走。果穗很难掰开，可以用来做圣诞装饰或者饰品，还能用来做天然的染料。

角榛

- 桦木科
- 落叶灌木
- 山野
- 动物传播
- 花期…3～4月、果熟期…9～10月

角榛在早春开花，比嫩叶生长得更早。是风媒花的一种，聚集成长长的花穗的是雄花，树枝顶端的红色短穗就是雌花。

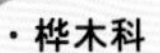

走在山间林道上的时候，偶尔会见到这种奇形怪状的果实。长角的果实凑在一起悬挂在树枝上，秋天成熟后就会成团地掉到地上。其实它是榛子〔欧榛（p.119）〕的亲戚，只要剥去那毛茸茸的外衣和坚硬的外壳，就可以得到中间的美味坚果啦。山里的松鼠和老鼠会把它当做冬天的食物搬走并储存起来，忘记吃的那些就会在春天发芽生长。

果实在秋天成熟后，2～5颗凑在一起的果实就会成团地掉落在地面上。满是毛刺的外皮是由苞片变形而来的，它就像个袋子般把果实包裹起来。跟橡子一样，角榛果实的尾部也有一个小蒂，这是它从母株吸取营养的宿存维管束，也就是“肚脐眼”。敲开果壳，就能看到里面极其美味的坚果。

苞片：附在花或果实上的特殊叶片。

天仙果

- 桑科
- 落叶小乔木
- 山野
- 动物传播
- 花期…全年（雌株5～8月）、果熟期…8～10月

上图中的不是果实，而是雄株的雄花。当雄花变成红色而且张开小口时，就是里面粘满花粉的榕小蜂即将羽化而出的时候啦。

雄花的纵切面。生活在雄花里面的榕小蜂羽化后，就会带着花粉从打开的小口飞到外面去。

天仙果是无花果（p.18）在山野中的近亲。上图中的是雌株成熟的黑色果实，可以食用，味道甘甜美味。但是千万不要大意地把雄株的花吃进肚子啊。因为雄株的雄花中住着一种叫榕小蜂的昆虫。天仙果提供雄花给榕小蜂做育儿室，相对的，榕小蜂会把雄花花粉运到雌花的内部。这就是天仙果和榕小蜂之间相互需要的共生关系。

雌株的熟果。虽然直径只有1.5～2厘米，但它的纵切面结构和味道都跟无花果十分相似。鸟类和猴子都喜欢吃它的果实。

山桑（桑葚）

·桑科	·落叶小乔木
·山野	·动物传播
·花期…4月、果熟期…6～7月	

山桑分别有3种类型的植株，①只开雌花、②只开雄花、③同时有雄花和雌花。雌花的白丝是雌蕊的柱头，绿色的颗粒部分则会膨大成果实。

聚合果长1～1.5厘米，一开始是白色，然后变成红色，最后成熟变黑。雌蕊的花柱就变成细长的小须残留在果实上。小小的种子长仅1.5毫米，可以轻松地躲过动物的利齿。

桑葚原产于中国，被人们培植来养蚕和食用。聚合果长1.5～2.5厘米，残留柱头很短。初夏时成熟变黑，味道甜美。

山桑是桑葚的野生近亲。山桑果实跟木莓一样是聚合果，在初夏时节就会熟透变黑。虽然味道甘甜美味，但吃完后嘴巴舌头都会染成紫色。未成熟的红色果实会渐渐熟透变黑，所以枝条上同时会有红色跟黑色的果子，从而造成二色效应（p.107），能够让鸟类更容易发现果实的同时，还能增加鸟类选择成熟果实的概率。至于掉落在地上的果实，则会被貉子开心地吃掉。

槲寄生

- 桑寄生科
- 常绿灌木（寄生）
- 树上
- 动物传播
- 花期…3～4月、果熟期…11月～次年3月

槲寄生是寄生在别的树上生活的植物，在冬天即将到来的时候，它的枝头就会挂上半透明的黄色果实。连雀类等小鸟都很喜欢它的果实，经常会聚集在树上啄食。而且，这些果实含有许多黏糊糊的物质，吃掉它们后，小鸟的粪便也会变得黏黏的，就这样黏挂在屁股上。粪便里的种子就会趁机黏附在树枝上，然后发芽长成新的槲寄生。

槲寄生扎根于落叶树的树枝上，通过夺走宿主的水分和营养来生存。寄生在树上的槲寄生会生长成直径达一米左右的圆球形，冬天十分醒目。除了照片中的榉树，山毛榉和白桦等也常被它寄生。有雄株和雌株之分，雌株能够结果。花朵很不起眼。

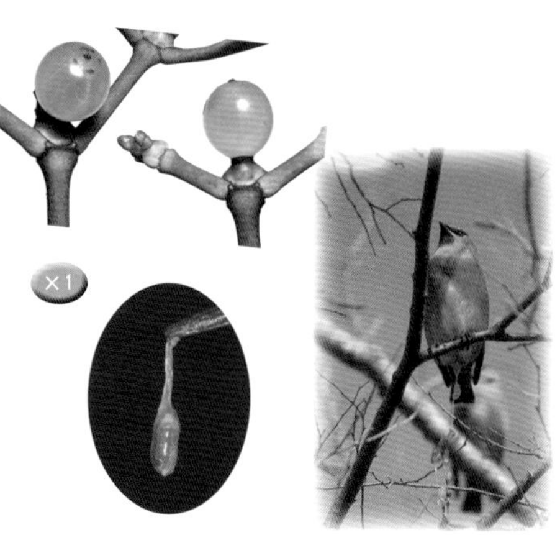

果实直径约8毫米。半透明像果冻一样的甜美果肉中含有1～2颗黏力强劲的种子。捏住种子就可以拉出长长的黏丝。看那些吃饱了站在树枝上休息的连雀，它们的尾巴上就挂着许多没有被消化掉的种子，就像纳豆一样被粘成一串。

被动物搬运的种子（2）

有一些植物会特意引诱动物吃下自己的果实来传播种子。能在空中飞行的鸟类就是最好的帮手。鸟类的视力很好，但没有鼻子。所以想要被鸟类吃掉的果实都长着非常鲜艳夺目的颜色，告诉小鸟们“我在这里呢”。美味的果肉中隐藏着种子，等鸟类把种子一并吞进肚子之后，种子就会在别的地方随着粪便“逃出生天”。但是一下子把全部种子带走也不好，最好是能够一点一点地传播出去。

为了让鸟类帮忙传播所需的功夫

好吃的果实

好吃的果实不会一次全部熟透。一点点渐次成熟、颜色变深，小鸟就能准确地找到熟透的果实。

难吃的果实

如果果实含有一定的毒素，或者味道比较难吃，小鸟在没其他选择的情况下就会来吃一点，经过较长的时期分批把种子运送到不同的地方。

米面蓊

- 檀香科
- 落叶灌木
- 山野
- 风力传播
- 花期…5～6月、果熟期…11月

成熟后的米面蓊果实。那些“羽毛”是苞片的变形。果实本身长约一厘米，顶端长有4枚长约2.5厘米的“羽毛”。

上图中的是忍冬科的温州六道木。它的果实有5根“羽毛”，能以惊人的速度快速旋转降落。果实本身长1.3厘米左右。“羽毛”是由萼片变形而来的。花朵在初夏盛开，从红色萼片中间伸出了奶油色的花朵，两两成双地长在枝头上。

米面蓊是寄生在别的树木根部的半寄生植物，经常能在干燥的山脊上见到它的身影。秋天果实成熟后就会垂挂在枝条上，等秋风一吹，果实就会旋转着掉落下来。花朵在初夏盛开，雄花和雌花都是绿色的，很不起眼。米面蓊多分布在中国陕西、安徽、浙江、河北、湖北等地。

大花六道木（忍冬科），是六道木属中的园艺品种，还有一些是开白色花朵的。萼片变成的“羽毛”有2～5枚，经常出现没有孕育出种子的果实。

日本南五味子

· 五味子科 · 常绿藤本
· 山野 · 动物传播
· 花期…8～9月、果熟期…10～11月

分别有雌株和雄株，各自开出雌花（上）和雄花（下）。雌花中间，许多绿色的雌蕊合生成了一个小圆球，里面每个雌蕊都会受粉，然后发育成球形的聚合果。雄花的雄蕊是红色或者黄色的，同样合生成了一个小圆球。直径约1.5厘米。

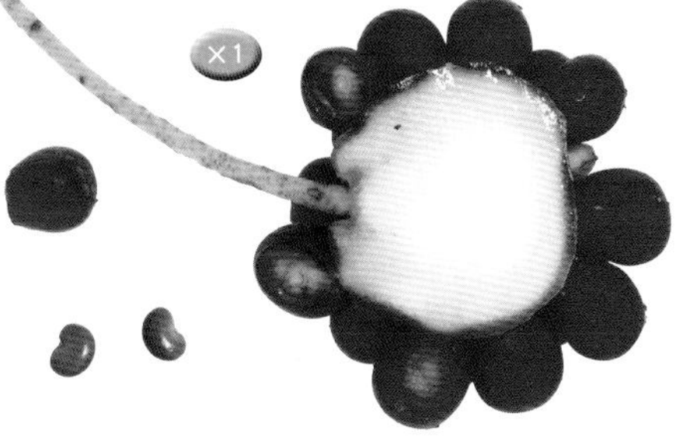

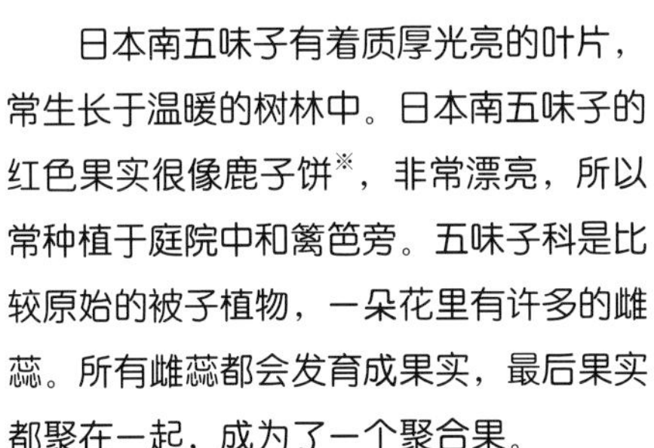

日本南五味子有着质厚光亮的叶片，常生长于温暖的树林中。日本南五味子的红色果实很像鹿子饼※，非常漂亮，所以常种植于庭院中和篱笆旁。五味子科是比较原始的被子植物，一朵花里有许多的雌蕊。所有雌蕊都会发育成果实，最后果实都聚在一起，成为了一个聚合果。

※鹿子饼：一种日式糕点，在带馅的年糕上粘满用糖煮过的小豆。

聚合果的直径为3～4厘米。照片是聚合果的纵切面，中间是柔软的球形底部（果托），那红色的表皮上长着红色的果实。果实直径约8毫米，可以看到中间有浅褐色的种子。小鸟啄食果实后会留下红色的果托。

三叶木通

- 木通科
- 落叶藤本
- 山岭
- 动物传播
- 花期…5月、果熟期…9～11月

三叶木通的花朵是巧克力色的。紧挨着树枝的大花为雌花（右），1～3朵地挨在一起生长。小花为雄花（左），十数朵地聚成一串花序。雌花中长有数个雌蕊，一朵花能发育出几颗果实。

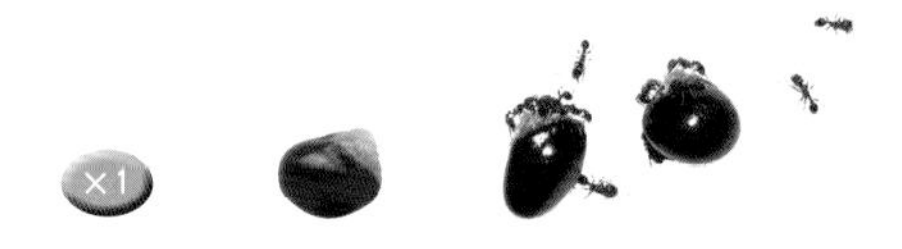

帮助三叶木通传播种子的主要是擅长爬树的猴子、熊，还有貂。但是熊跟猴子的食量太大，一次就会带走许多的种子。因此种子还会从顶端分泌出能吸引蚂蚁的胶状物。这样，随着粪便冲出生天的种子就会被蚂蚁再搬到别的地方去。

三叶木通，原产于中国和日本，分布于中国的山东、河北、山西以南地区。是山中动物们非常喜爱的甜点，名字来源于那3枚一组的叶子。三叶木通果实成熟后外皮会裂开，露出里面含有黑色种子的乳白果肉。人类可以轻松地把种子吐出来，但动物们只会直接把果肉连同种子吞进肚子里，然后在某个地方把带有种子的粪便排出体外。

木通的叶子是5枚一组的。果实（左）成熟的时候依然是浅色的，果肉甘甜美味。雄花长得比雌花小。

软枣猕猴桃

· 猕猴桃科	· 落叶藤本
· 山岭	· 动物传播
· 花期…5～7月、果熟期…10～11月	

花朵直径约1.5厘米。分别有两性株（长有两性花）和雄株。照片中的是两性花，所以可以结出果实。

果实长约2厘米，十分美味。但是它含有能分解蛋白质的酶，大量进食的话，舌头上的味觉细胞会被破坏，进而无法感觉到甜味，只会越吃越痛苦。番木瓜和菠萝也含有同样的酶，就是为了限制食量大的猴子不要一次吃下太多的果实。种子很小，可以避开动物的牙齿。

葛枣猕猴桃（p.121）也叫做木天蓼，是软枣猕猴桃的近亲。对猫有特殊的吸引力。果实在秋天成熟，成熟时呈朱红色，有辛辣味。

软枣猕猴桃就是一口大小的“Baby Kiwi（迷你奇异果）”。虽然水果店给它取这么西式的名字，但它原来就是长在日本山中的水果。作为奇异果的近亲，它们的味道和香味都十分相似。山中的猴子和熊会把它的果实吃掉，然后将种子通过粪便排出体外。但是，食量大的动物会一口气吃下大量的果实，传播出去的种子也就只能聚集在同一个地方。有什么办法能阻止动物们一次性吃下大量果实呢？

日本木瓜

- 蔷薇科
- 落叶乔木
- 山野
- 动物传播
- 花期…4～5月、果熟期…10～11月

日本木瓜多生长于山村小路和杂木林中，由于花朵长得很美丽，也会种植于庭院里。它的外形跟原产中国的园艺品种木瓜很相似，但跟草本植物一样长得比较矮，因此日本人把它称为“草木瓜”。另外，由于果实的形状很像梨子，又被称为“地梨”。春天时会开出许多朱红色的花朵，到了秋天，乒乓球大小的果实就会满满当当地挂满枝头，散发出甘甜的香味。

日本木瓜的树干会在地面上攀援伸展，而高度则是30～100厘米。枝条上长有许多细刺，被扎到会很痛。花朵是明亮的朱红色，直径约3厘米。

果实是不规则的球形，直径3～4厘米。有很好闻的香味。由于果肉酸涩硬实，不能生吃，但可以用来做果酱或者泡酒（p.118）。

光皮木瓜是日本木瓜和木瓜（p.118）的近亲。果实一簇一簇地挂在枝条上的样子也是一模一样。果实长15厘米左右，散发着好闻的香味，可以用来做果酱或者泡酒。花朵呈粉红色，直径为3厘米。

野蔷薇

· 蔷薇科　　· 落叶藤本
· 山野　　· 动物传播
· 花期…5～6月、果熟期…9～11月

初夏时会开出有浓郁香气的花朵。花朵直径约2厘米。日本的野蔷薇是现代人工培植的蔷薇的野生祖先之一，经常用于培养花朵成束堆叠生长的品种。

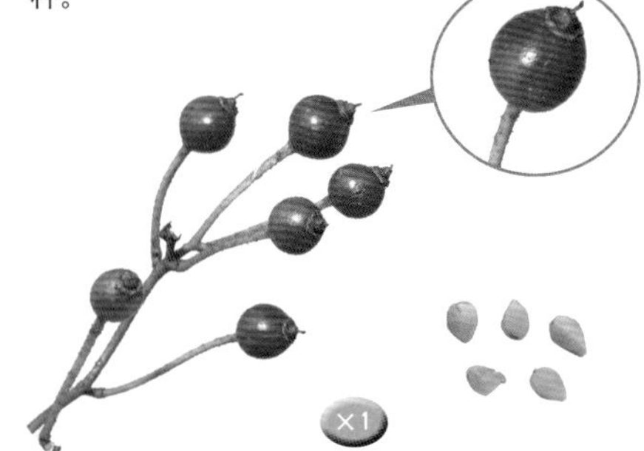

野蔷薇就是在原野和水边生长的野生蔷薇。枝条上长有锐利的小刺，一不小心就会被它割破皮肤而流血。“蔷薇”大多是带刺的灌木。虽说美丽的花朵都带刺，但堆叠盛开的蔷薇花不仅清雅美丽，还散发着迷人的香气，实在让人无法不喜爱。到了秋天，枝条上挂上红宝石般的美丽果实，引来斑鸠等小鸟啄食。

果实直径5～9毫米，是由萼筒膨大发育而来的假果，顶端的突出物是雌蕊的柱头，柱头底部那一圈是花萼和花瓣的痕迹。果实里面有1～12颗果核。这些果核不是单纯的种子，而是包裹着一层超薄果皮的种子。

萼筒：花萼的筒状部分

掌叶覆盆子

- 蔷薇科
- 落叶灌木
- 山野
- 动物传播
- 花期…3～4月、果熟期…5～7月

早春开花，白色的花朵倒垂挂在枝条上。花朵的直径约3厘米，虽然有着美丽的外表，但锐利的尖刺让人望而生畏。朝下生长的花朵让食蚜蝇和甲虫都无法在花中停留。只有脚力强劲、可以吊在花里的熊峰才能够爬进花朵里。

掌叶覆盆子就是常说的木莓，是日本野生覆盆子的代表品种。它的枝条上布满了尖锐的小刺，被扎到会非常痛，但因为果实真的太美味了，无论人类还是动物都被它深深吸引。果实只有一口大小，果肉甜美柔软，连小雏鸟都可以轻松地把它带走。就算是猴子、熊和貂等拥有锋利牙齿的动物，它的种子也可以安全地穿过那些牙齿。虽然锐利的尖刺非常有攻击性，但是美味的果实又友好地向森林中的鸟类和动物发出邀请。

果实直径为1.3厘米左右，成熟时呈橙黄色，甘甜美味。跟覆盆子（p.17）一样，是由许多果实聚生在果托※上形成的聚合果（聚合核果）。种子长2毫米，相当于植物学上的果实，表面布满坑坑洼洼的网纹。

※果托：由花托发育而来的部分。

合花楸

· 蔷薇科 · 落叶小乔木
· 山野和公园 · 动物传播
· 花期…5～7月、果熟期…10～11月

初夏，长着繁密的羽状复叶（p.55）的枝头上就会开出一丛丛白色的花球。花朵的直径为8毫米左右，虽然外形美丽，但味道却不太好闻。

果实直径为5～7毫米，中间长有2～5颗长3～4毫米的种子。虽然颜色和外形都像是迷你苹果，但它含有氢氰酸化合物（p.48），味道苦涩，不能食用。这是为了不让鸟类一次吃掉太多果实的策略。北方地区的人们为了有效利用这些果实，研究了许多方法来去除它的苦味，但现在也只能用它来泡泡果酒，连果酱都不能做。箭头指着的是被霜冻后的干枯果实。

合花楸多生长于北方地区和高山中，秋天的红叶十分具有观赏性，因此也常种植于公园和街道上。深秋，成熟的鲜红果实在被霜雪肆虐之后变得干枯，但仍然会挂在树枝上，等待着鸟类的到来。果肉带有强烈的苦味，人类当然不用说，就算是对于鸟类来说也是非常难吃的果子。树干硬实，日本人认为“就算把它放炉灶里烤七次也没办法烧着”，所以把它称为“七灶”。

南蛇藤

- 卫矛科
- 落叶藤本
- 山野
- 动物传播
- 花期…5月、果熟期…11～12月

分别有雄株和雌株，无论是雄花（左）还是雌花（右），都是直径只有6毫米的黄绿色小花，毫不起眼。叶片很像梅树树叶，但梅树属于蔷薇科植物。

南蛇藤是生长在光线充足的山野中的藤木。初夏盛开的花朵朴实无华，但到了秋天，黄色的果皮裂成3瓣，露出里面鲜艳的火红色果肉，非常引人注目。这是向小鸟发出的热情邀请，招呼着小鸟“快来吃掉我吧”。火红色的胶状果肉中潜藏着它的种子，还特意长得滑溜溜的，让自己容易从鸟类身体中排出来。

圆形的果实直径为6～9毫米，顶端有宿存雌蕊的柱头。果实在深秋的时候成熟变黄，然后果皮裂开反转成3瓣，用鲜红的果肉向鸟类发出邀请。那些红色的胶状果肉叫做假种皮，含有丰富的油分，柔软地包裹住种子。种子的本体长约3.5毫米。

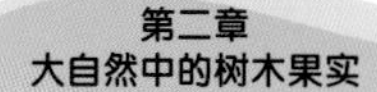

卫矛

- 卫矛科
- 落叶灌木
- 山野和庭院
- 动物传播
- 花期…5月、果熟期…10～12月

卫矛是生长在光线充足的山野中的灌木，也常种植于庭院中或培植成绿篱。秋天，枝条上就会挂满像古代灯盏般可爱的果实。而那看上去像是斗笠或者帽子的部分，则是开裂的果皮。果实成熟后就会裂开，酒红色的果皮蜷缩起来露出下面垂挂着的朱红色种子，等待着它们的客人——小鸟的到来。

卫矛在初夏的6月左右开花。花朵直径6～8毫米，黄绿色。4枚花瓣平平展开，组成十字形状。枝条上长有木质硬翅。

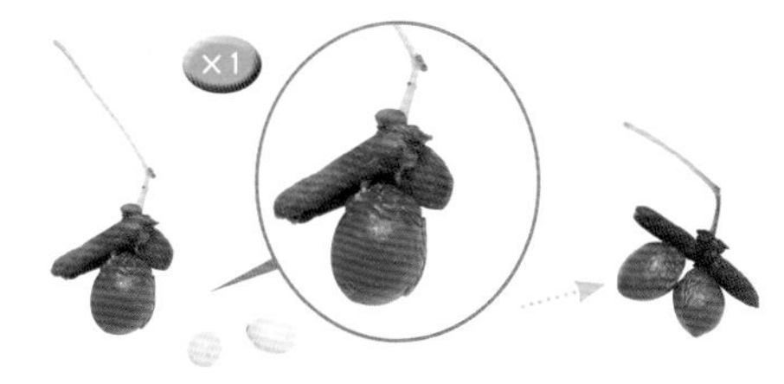

皮开裂后就会蜷缩起来变成酒红色，露出下面垂挂着的朱红色种子。一朵花偶尔能像花生一样结出两颗果实，例如箭头指着的照片，这时候帽子下面就挂着两颗种子啦。种子外面包裹着一层富含油脂的胶状红色假种皮（p.100），这就是招呼小鸟的盛宴呢。种子的本体长为3～4毫米。

枝条上不长硬翅的品种称为无翅卫矛。花和果实都长得跟卫矛一样。

西南卫矛

- 卫矛科
- 落叶小乔木
- 山野和庭院
- 动物传播
- 花期…5月、果熟期…10～12月

西南卫矛会结出柔软蓬松带有棱角的珊瑚色果实，秋天成熟后，果实就会“啪”地一下裂开，露出里面垂挂着的红色宝石。包裹着种子的朱红色部分，是西南卫矛特意准备的富有营养的“果冻”。这些“果冻”会成为招呼鸟类的食物，让鸟类顺便把种子传播到各处。西南卫矛多生长于深山里的杂木林，也会种植做庭院观赏树木。它的枝干柔韧有弹性，以前常用来制作弓箭。

在初夏盛开的花朵直径为1厘米，浅绿色，毫不起眼。有一些个体雌蕊比较长，也有一些个体雌蕊比较短，雌蕊较长的那些更容易结果。

果实直径1～1.5厘米，有棱角，熟透后会裂成4瓣。种子有一半以上是朱红色的半透明啫喱状假种皮（p.100），富含油脂，是鸟类喜欢的食物。剥开假种皮就可以看到真正的种子，种子本体长5～6毫米。

野鸦椿

- 省沽油科
- 落叶小乔木
- 山野
- 动物传播
- 花期…5月、果熟期…9～10月

野鸦椿在初夏的5月左右开花，花朵黄绿色，非常朴素。雌蕊的基部分成3瓣，这部分会膨大成袋子的形状，发育成3颗果实。

秋天的野鸦椿会挂上红黑相交的美丽色彩。红色的小袋子裂开后，就会露出里面乌黑发亮的诱人果实。但其实这是野鸦椿的小把戏，是用来欺骗鸟类的假浆果。野鸦椿是一种极具利用潜力的观赏植物，主要生长在中国江南各省，西至云南东北部。

厚实的果皮红彤彤的，开裂后就会露出里面黑色的种子。红黑两色的组合造成了醒目的对比色（p.107），能够吸引鸟类的注意。黑色的种子看上去就像是美味的浆果，但这只是它的伪装。闪闪发亮的是又薄又干的种皮，里面就是坚硬的种子。鸟类就算把它吃进肚子里也无法消化，只能把它完好无缺地排出体外。

省沽油

- 省沽油科
- 落叶灌木
- 山岭
- 动物传播
- 花期…5月、果熟期…9～11月

在日本，省沽油被称为“三叶空木”，空木也就是齿叶溲疏（p.44）。但它跟齿叶溲疏并没有亲缘关系，而是野鸦椿（p.103）的近亲。花朵直径约一厘米，共有5枚半开的花瓣，有清新的香气。花朵凋谢之后雌蕊纵裂开来（圆图），变成箭羽的形状。

上图中的是成熟干燥的果实，里面有1～7颗种子。熟透后会裂开一些小口，但因为果皮上有纤细的横纹脉络，种子不会掉到外面去。劲风吹过的时候，果实就会带着种子乘风飞走（圆图）。种子长约5毫米，坚硬有光泽。

省沽油是常生长于山涧旁的灌木，春天开花，清丽的白花十分惹人怜爱。夏天到冬天期间，省沽油的枝条间会出现一些箭羽形状的神秘“纸气球”。花朵凋谢之后，雌蕊的上半部分裂成两半，下半部分则发育膨大，就变成了这样的箭羽形状啦。当冬天的劲风吹过，果实就会抱着种子，踏上它们最初的、也是最后的旅行。

北枳椇

- 鼠李科
- 落叶乔木
- 山岭
- 动物传播
- 花期…6月、果熟期…11月～次年3月

北枳椇的果实可能是世界上最古怪的水果了。日本人把它叫做“手指梨”，因为它的果轴※看上去就像手指一样，而口感和味道又跟梨子很相似。对啦，可以吃的部分其实不是果实，而是不好看的果轴。果实成熟、果轴变成干果后，就会连同树枝一起掉到地面上。

※果轴：连接着果实的枝条。

花朵在夏天盛开。直径7毫米左右的白色花朵一大片地聚集在一起，引来蜜蜂等昆虫授粉。

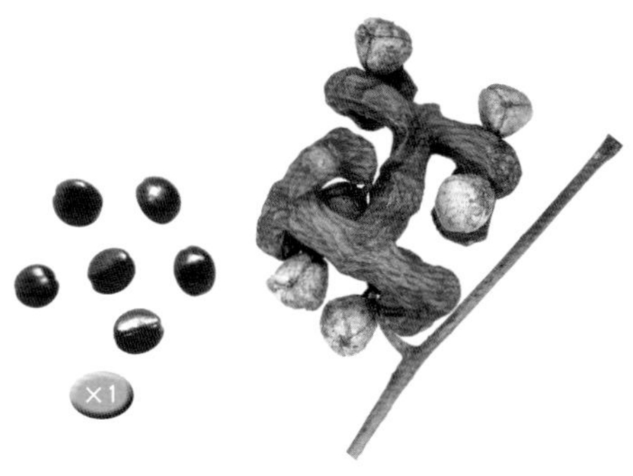

上图中就是变成干果一样的果轴，带有葡萄干似的甜味和香味。顶端长有球形的果实，果实里面有3颗坚硬的种子。果实和种子都干燥无味，好吃的是整个果轴，这是为了让貉子和貂在吃果轴的时候会一并把种子吞进肚子里。

果轴会带着整根树枝掉落。这样掉在地上之后，果轴就不会被掩埋在落叶下面，可以保持干燥。

青荚叶

· 山茱萸科（青荚叶科） · 落叶灌木
· 山野 · 动物传播
· 花期…4～6月、果熟期…7～9月

真奇怪呀，为什么叶子上面会长出果实呢？这种植物叫做青荚叶，也被称为“花筏”，因为载着花朵的叶片就像是一艘木筏一样。它的花朵之所以会开在叶片上，是因为花柄的部分就生长于叶片的中脉上。果实也就理所当然地长在叶片的正中间。青荚叶原本生长于山林中，因为外形独特有趣，也经常被栽种在庭院里。

上图中的是雄花（上）和雌花（下）。雄花会数朵聚在一起生长，而雌花一般单独生长。仔细观察就会发现，花朵比叶柄根部的叶脉还要细小。青荚叶以前属于山茱萸科，现在最新的分类方法则把它独立出来，成为了青荚叶科。

青荚叶特意把花和果实放在叶片上，很可能是要在鸟类眼中凸显自己的存在。果实稍微有点扁平，直径9毫米左右。在夏秋之际果实成熟变黑，吃起来有点酸酸甜甜的，汁液丰富，十分美味。果实里面有4颗长5毫米的种子，形状扁平，表面有网纹。

海州常山

- 马鞭草科（唇形科）
- 落叶小乔木
- 山野
- 动物传播
- 花期…7～8月、果熟期…9～11月

海州常山是生长在光线充足的山野中的树木，由鸟类帮忙传播种子。如果把它的叶子搓碎，就会闻到一股类似芝麻味的强烈臭味，因此又被称为臭梧桐。但它在夏天盛开的花朵则有优雅的香气。秋天时结出果实，鲜红五角星的中间装饰着蓝宝石，简直就是美丽的天然胸针。红色和深蓝色的对比形成“二色效应”，以吸引鸟类注意。

夏天，淡红色的花萼中间开出了白色的花朵。花朵直径约2.5厘米，散发着迷人的香气。雄蕊和雌蕊都纤长突出，是为了等待翅膀宽大的飞蛾和凤蝶来给它授粉呢。

到了秋天，花萼就会变得肥厚，颜色也变成鲜红色，裂开成直径3厘米的五角星形状。花萼中间就是直径7～10毫米的果实，闪耀着蓝色的光辉。挤破果实的话，中间就会流出蓝色的汁液，还有1～4颗像切开的哈密瓜般的种子。种子长5～6毫米。果实和花萼都可以用作草木印染（p.112）。

梓树

- 紫葳科
- 落叶乔木
- 村庄和河
- 风力传播
- 花期…6月、果熟期…11～12月

梓树是中国原产的药用植物，常种植于庭院和公园里，现在在河岸等地方已经野生化了。梓树生长得很快，一下子就能长出大片的叶子，就算是幼株也能结果。由于它细细长长的果实跟豆科的豇豆很相似，日本人就把它称为"木大角豆"，意思为长豇豆的树。果实内部挤满了扁平的种子。种子两端长着既不是翅膀又不是冠毛的、不伦不类的绒毛束，风吹过的时候会随风飘散。

花朵在初夏盛开。枝头上会长出大丛的花序※，上面开满了直径约2厘米的淡黄色花朵。花朵内侧有黄色和紫色的花纹。

※花序：花朵的集合。

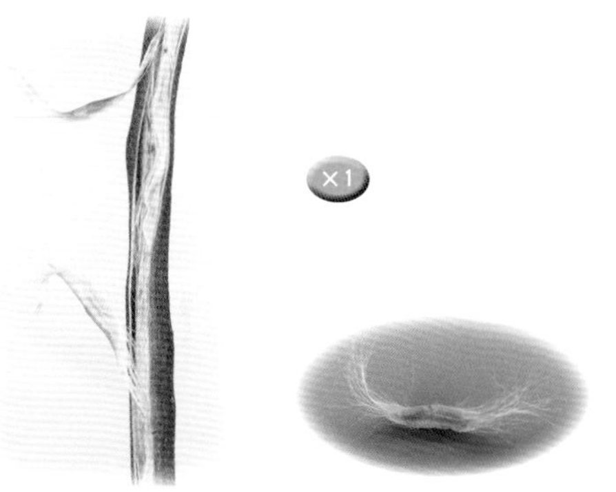

果实宽约5毫米，长30～40厘米，数根或数十根地聚集成串垂挂在树上。成熟之后果实会裂成两半，里面层层叠叠挤在一起的扁平种子就会被风吹散。种子本体长8～13毫米，两端长有绒毛，就像螃蟹一样。紫葳科家族的植物中，有一些种子会在两端长出纤薄的宽大翅膀，可以像滑翔机般在空中滑翔。

荚蒾

· 忍冬科（五福花科） · 落叶灌木
· 山野 · 动物传播
· 花期…5～6月、果熟期…9～11月

花朵在初夏盛开。白色的小花聚生成直径6～10厘米的圆盘状花序。花朵会散发出类似尿液的独特气味来吸引昆虫。

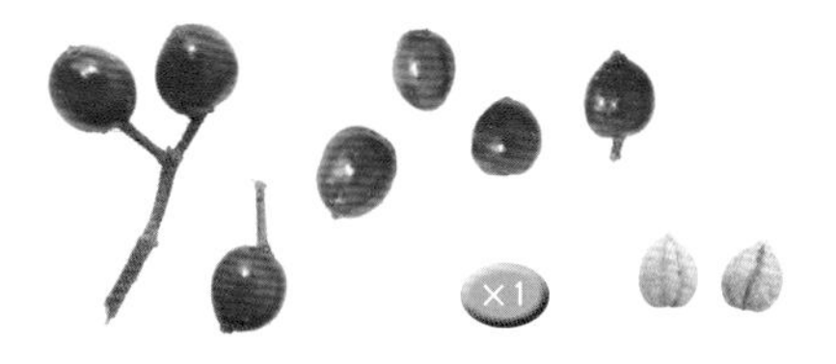

果实长6～8毫米，是稍微有点扁平的水滴状。中间有1颗坚硬的种子。微扁的种子有明显的表面和背面，一面有一条纹路，另一面有两条纹路。

荚蒾是杂木林中的灌木。果实很酸不能食用，落霜之后甜味会增加。鸟类会吃下果实传播种子。因为果肉里含有抑制发芽的物质，只有在鸟类的肚子里把果肉完全去除之后，种子才能发芽。这是因为，如果掉落在母株下面的种子也能发芽的话，就会跟母株争夺营养吧。

有时候，一部分果实会变身成直径约1厘米的绿色神秘毛球。这其实是虫瘿（p.12），幼果被荚蒾瘿蚊的幼虫寄生后就会变成这样。

小专栏

树木果实为什么会有“丰收年”呢？

山毛榉和蒙古栎不会每年都结出许多的橡子。根据年份的不同，有时候某片地区的山毛榉或蒙古栎就好像约好了似的，全部都不怎么长出果实。在这样的减产年份，靠着秋天的橡子过冬的熊就会因为缺少食物而跑到村庄里面去找吃的。

那么，为什么会有长出大量果实的“丰收年”以及不怎么长出果实的年份呢？

树木结果的多少，首先会受到天气因素的影响。降水量、气温、还有晴天的长短，都跟植物的光合作用、花朵和幼芽的生长、果实的发育等有着莫大的关系。

然后就是树木的营养状态因素。大丰收之后的下一年，树木变得虚弱，很难再长出大量的花和果实。那么，为了不让树木虚弱到这种程度，每年只结出少量的果实不就好了吗？这样是行不通的。为什么呢？

有一种学说认为，植物是为了应付会把种子吃掉的昆虫和动物，才特意制造出果实较多的年份和果实较少的年份。如果每年都有同样多的果实，以此为食的昆虫和动物就会因为食物丰富而每年繁殖增加，然后越来越多的果实就会被它们吃掉。但是，如果有果实较少的年份穿插其中，昆虫和动物就会因为缺乏食物而数量减少，相应的，明年就会有较多的果实能够逃过被吃的命运，然后发芽生长。

关于丰收年的形成，我们还有许多未能解释的谜题。在自然界中，各种生物之间的联系实在是太复杂、太深奥了。

▲ 蒙古栎的橡子。比枹栎大了一圈。是山中的熊和松鼠等动物的重要食物来源。

▲ 树枝上的山毛榉橡子。未成熟的时候全身都包着一件毛茸茸的外套。

▲ 丰收年的山毛榉。在结果较多的年份，橡子掉到满地都是。

第三章

草木果实
各种有趣的利用

用树木的果实来染色

试一试给布料和纸张上色吧

草木印染

用草木印染上色的绢丝围巾。从左到右所用的染料依序是茜草根、栗子皮、小叶青冈的橡子、蓼蓝叶、胡桃楸的果实、日本桤木的果穗、海州常山的果实。

试一试用海州常山的蓝色果实染出美丽的浅蓝色吧！

<需要的材料>

去掉花萼并清洗干净的海州常山果实（重量大约为布料的2倍）

白色的绢丝围巾

<做法>

①烧一锅能把全部的海州常山果实浸泡起来的开水，然后把海州常山果实放进去，小火煮20分钟；

②小心地用布把①中的果实过滤掉，尽量不要把果实弄破，然后把围巾放进过滤好的水中；

③关火静置2～3小时；

④用清水把围巾洗干净，最后晾干就完成啦。

柿漆印染。把柿子未成的绿色果实捣碎就可以得到柿以前人们会把柿漆当做防水涂来使用。

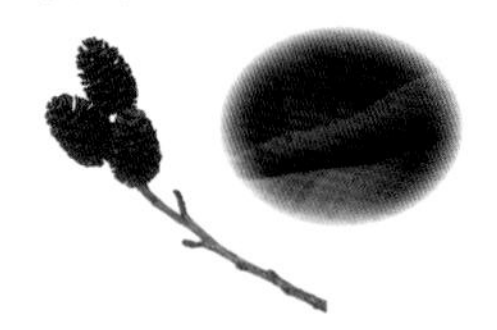

这是用日本桤木的果穗加茶树枝燃烧而成的灰染出来的布

给食物上色

食用色素

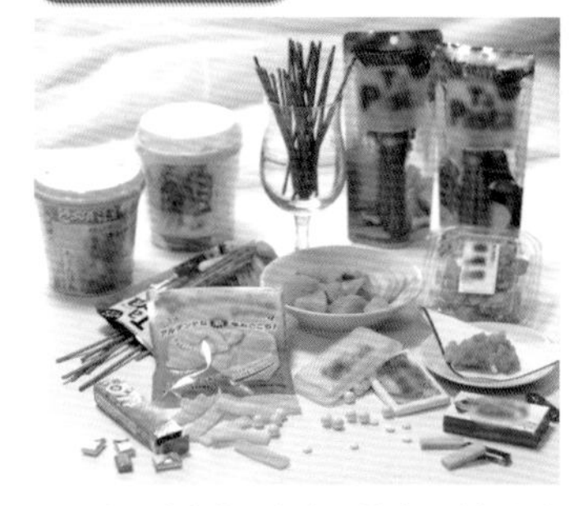

为了让食物看上去更美味，我们经常会使用食用色素。食品包装袋上的成分栏里除了原材料外还会写有食用色素，大家可以找找看。照片里的食品全部都使用了栀子黄色素呢。

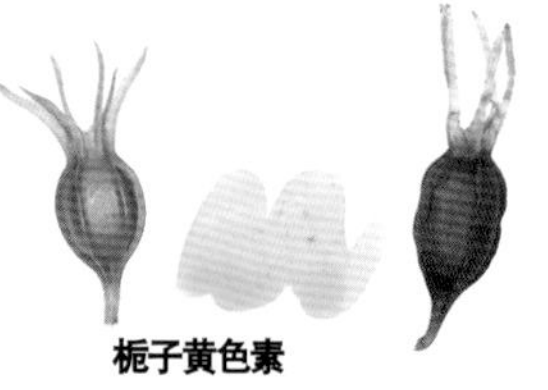

栀子黄色素

从栀子果实中提取出来的黄色色素。会用来制作糖果、糕点、酒类、饮料等。右边是干枯的果实。

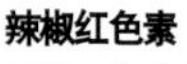

辣椒红色素

从柿子椒和辣椒中提取出来的红色素。会用作罐头、糕点的色素。

葡萄皮红色素

从葡萄皮中提取出来的紫红色色素。会用来制作软饮料、糖果、果酱等。

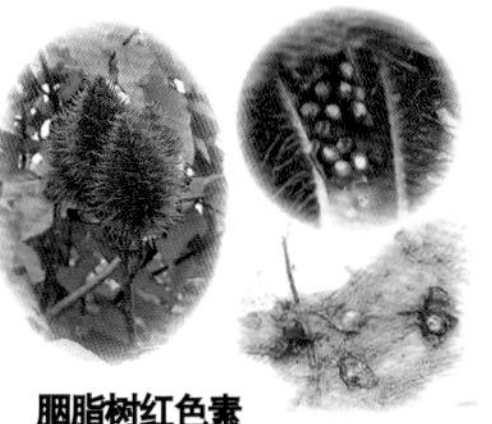

胭脂树红色素

从胭脂树种子中提取出来的红色素。用作香肠、调味酱等的色素。

用种子做手工

用橡子来玩游戏——试着做成各种各样的玩具吧

用油性笔给橡子画上五官吧。

把比较尖的那头朝上放的话，你看，站起来啦！

把比较尖的那头朝下放的话，就像是一个小光头呢。

快来和这些或浑圆或椭尖、形状多样的橡子玩游戏吧。

橡子陀螺

在橡子的屁股上开个小洞，然后把牙签插进去就做好啦。照片中的是麻栎橡子，因为它的外壳比较软，制作起来更方便。把榛子屁股放在水泥地面上磨薄一点的话，会更容易把牙签插进去哦。

橡子和它的壳斗还可以用来做成小动物哦。这是用橡子及其壳斗做成的。

用薏苡来玩游戏——试着做一串项链吧

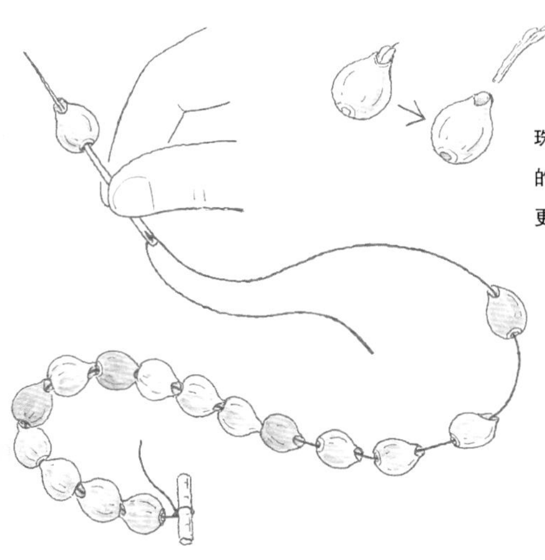

薏苡是原野和空地上常见的禾本科多年生草本植物。

秋天时会结出浅褐色或灰色的、光泽亮润的坚硬果实。

这个果实中间有一个贯通的小洞，可以直接用来做串珠。只要用针线把这些果实串起来，就可以做成一条漂亮的项链啦。小洞里面长有一条芯，把它拔掉的话，针线会更容易穿过。

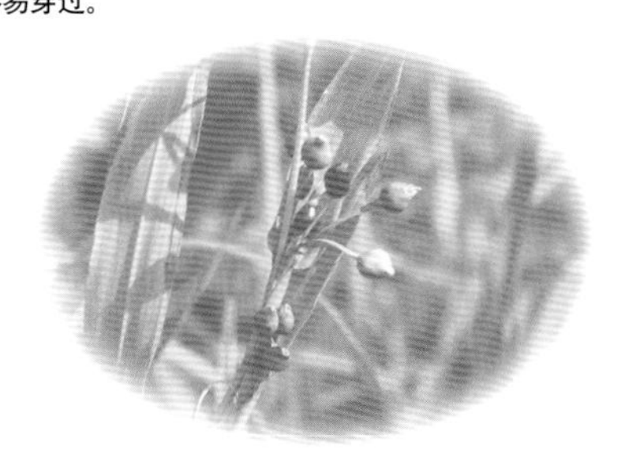

用种子玩游戏

用各种各样的种子来玩游戏吧！

玩弹珠！

麦冬

把麦冬果实的蓝色果皮剥开，拿出里面白色的种子，然后用力扔出去——叭！它会高高地弹起来呢。

演奏音乐！

荠菜

小心地把荠菜的果实一颗一颗地往下折，注意不要弄断哦，然后把这一串果实放在耳边晃动，就可以听到沙啦沙啦的轻柔音乐啦。

染色！

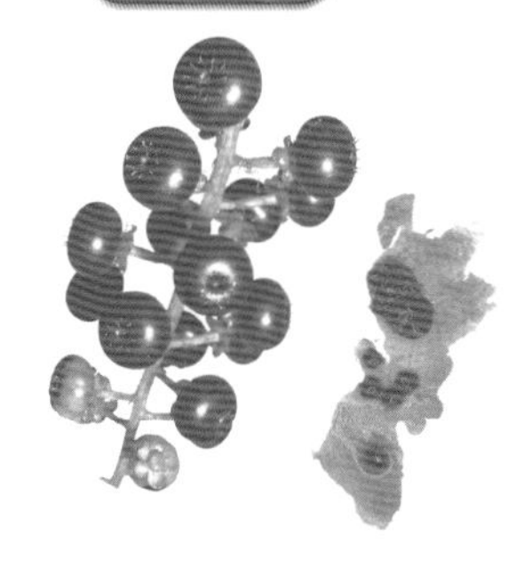

美洲商陆

试着把美洲商陆的果实挤破做成染料吧。这可是漂亮的紫红色颜料哦。

粘到身上啦！

在山野中漫步的时候，衣服上经常会挂上许多“粘粘草”的种子。把这些种子放在放大镜下面一看，哇，上面有好多可怕的尖刺和钩针呢！

×1

牛膝

苞片就像发夹一样，很容易缠在毛发和纤维上。

×1

鬼针草

顶端的小刺上面长有倒刺，会牢牢地扎在衣服上。

×1

龙芽草

三角锥形的下面长有一圈钩针草裙。

×1

透骨草

3根尖刺的顶端都弯曲起来变成了钩针。

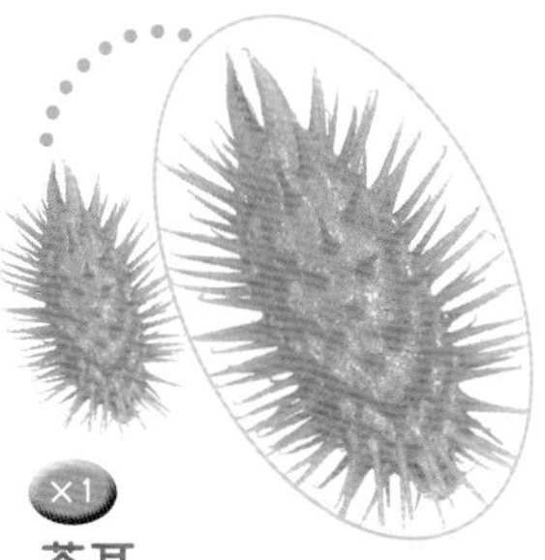

×1

苍耳

有着锐利的钩针，可以扔着来玩呢。

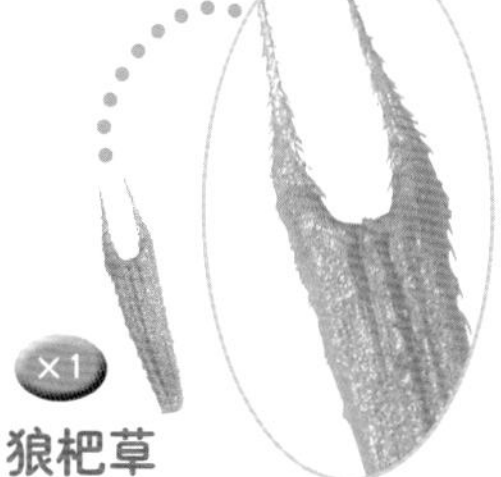

×1

狼杷草

2根尖刺上长满了细小的倒刺！

×1

金线草

雌蕊的顶端长有钩针，会挂在衣服上。

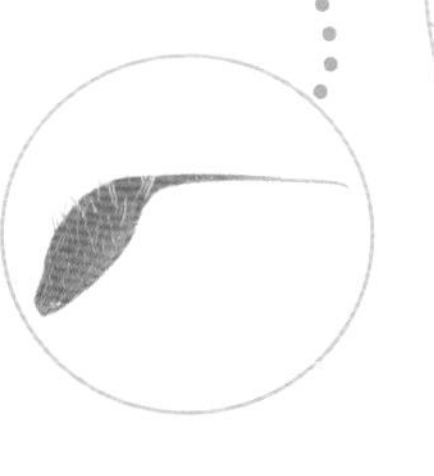

×1

日本路边青

把聚合果散开后就会看到带着精巧钩针的果实。

×1

狼尾草

果轴的根部有倒生的硬毛，被扎到就很难拔出来了。

来收集种子吧

富有个性的种子最适合用来收藏啦！

①捡拾

发现种子的话就把它捡起来吧。拿在手里抛一抛、搓一搓，然后挑出其中几颗带回家里，放到你的收藏品中吧。把叶子也捡回去的话，就更容易对照着图鉴查找它的名字。

②带回家

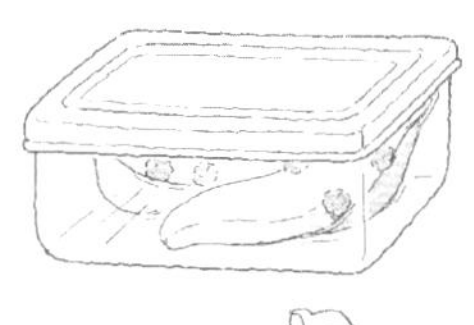

容易损坏的种子就放在小号的密封容器里吧。还可以把纸巾和落叶一起放在里面当垫子。

如果把太多种子放进塑料袋里的话，很容易把种子弄破或者弄坏。

去寻找种子的时候不要忘记带上容器。塑料袋虽然方便，但是把种子放在里面容易弄坏，一定要小心。如果能带上不同大小的密封容器就更好啦。

③带回家之后…

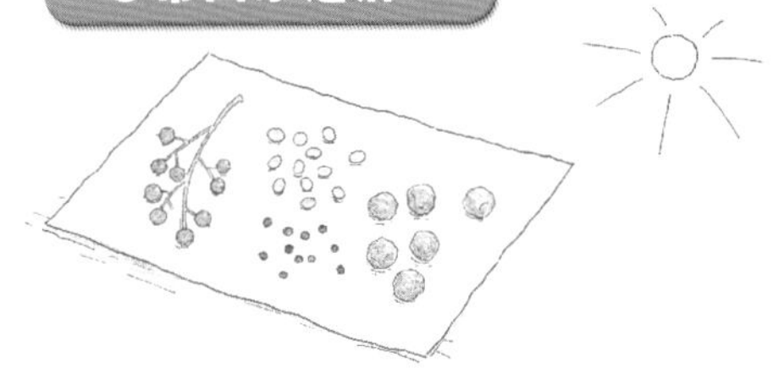

来整理一下带回家的种子吧。把需要干燥保存的种子从袋子或容器里拿出来，铺开晾干。如果一直放在袋子里面，种子就会发霉腐烂掉了。

至于由鸟类啄食传播的果实，在晾晒之前最好把果肉里面的种子拿出来。

④带回家之后的橡子

象鼻虫的幼虫

橡子要先煮一煮或者冷冻一段时间再拿去晾干。因为橡子里面经常会有象鼻虫的幼虫，就这样放着的话可能会被幼虫蛀掉的。而如果想要拿橡子来种树的话，就不能把它晾干，只要用水洗干净装进袋子里，然后放在冰箱里保存到春天就可以啦。

⑤收藏起来

种子完全晾干之后就做成标本吧。根据种类分别装进袋子和容器里，然后标记上植物的名字、捡拾的日期、地方就可以啦。

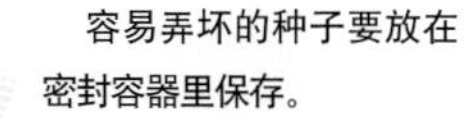

容易弄坏的种子要放在密封容器里保存。

装着标本的袋子要放进密封容器或者带密封胶条的塑料袋里，再放点防虫剂和干燥剂进去一起密封保存。

收集排列，展示你的迷你博物馆！

把捡回来的树木果实放到空箱子里整齐排列起来，是不是好像来到了博物馆呢？

这就是我的简陋版“迷你果实博物馆”啦！

为了增加收藏的乐趣，把果实和种子放在伸手可及的地方，就可以常常把它们拿在手上观察研究，试验它们的飞翔效果，对比它们的外形特征。

觉得怎么样呢？

来试着做做看吧！

这种跃跃欲试的心情，正是大家打开科学世界大门的钥匙！

来感受树木果实的香气吧

做果酱

▲ 木瓜的果实和果酱

日本木瓜、木瓜还有光皮木瓜的果实成熟之后都会发出香甜的气味。虽然它们不可以直接生吃，但可以煮成美味的果酱。

秋天，各种果实都散发出了甜美的香气。把它们摘下来做成果酱看看吧。

<做法>

①削去果皮挖掉果芯，把果肉切成小块；

②把切好的果肉放进开水里，保持稍微沸腾的状态把果肉煮软；

③加入跟果肉同等重量的砂糖；

④把混合物煮到黏稠就完成啦。

带有香气的树木果实

啤酒花的果穗和种子。未成熟的鲜嫩果穗拥有清爽的香气和苦味。是啤酒的原料。

日本木瓜的果实。只要把它放在桌子上就可以享受到它迷人的香气啦。还可以做成果酱和果酒。

酢橘的果实。跟柚子（p.16）一样，果汁和果皮可以用来做菜，给食材添加特别的香味和酸味。

如果把各类松树或者柳杉的嫩球果放在房间里，就能感受到森林的香气。照片中的是火炬松。

这是海滨植物单叶蔓荆的果实。果实有着类似迷迭香的香气。可以用来制作香包。

花椒的果实。果皮有辛香味，可以做成香料。日本人喜欢把它加入鳗鱼料理中。

美味的坚果

坚果家族含有丰富的油脂，营养价值很高，也容易保存。
不用加工就可以直接用来制作糕点、面包和各种料理，非常美味。

用扁桃仁、开心果、核桃、无花果干等各种树木果实做成的土耳其点心。

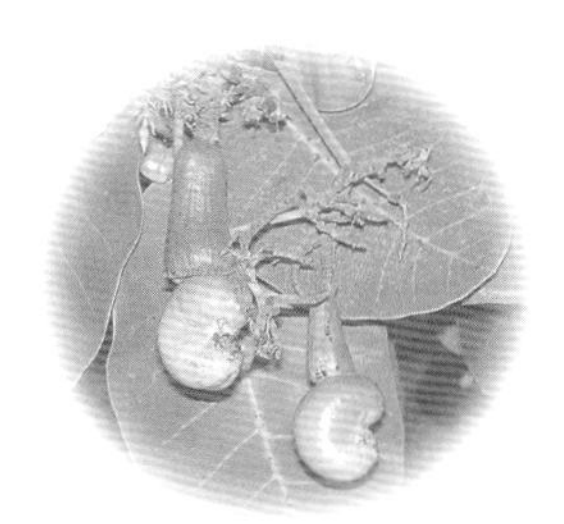

腰果是原产于巴西的漆树科植物。树上（右）挂着膨大的果柄，果柄顶端就长着带硬壳的果实。我们平常吃的腰果就是去掉硬壳之后的果仁。果柄部分成熟变红后是甜的，有类似苹果的味道，可以食用。

扁桃（巴旦木）的硬壳（左）和中间的果仁（右）。它的花朵像樱花，果实像梅子。

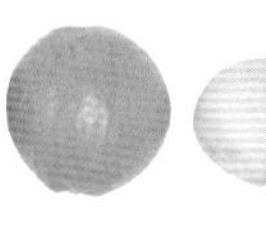

澳洲坚果（夏威夷果）的果实（左）、带硬壳的种子（中）和果仁（右）。原产于澳大利亚。

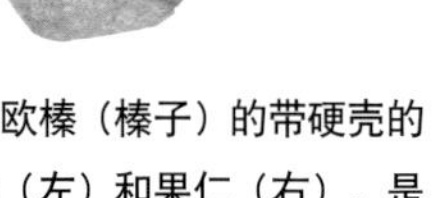

欧榛（榛子）的带硬壳的果实（左）和果仁（右）。是角榛的近亲，常用来制作点心。

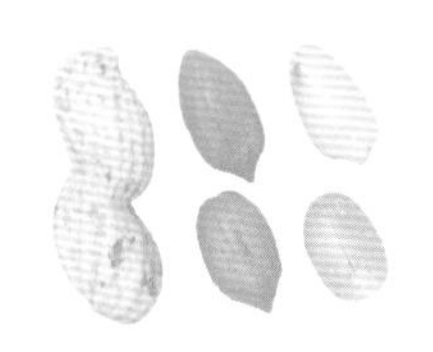

花生（落花生）的带壳果实（左）和里面的果仁。原产南美的豆科草本植物，果实长在地下。

美洲山核桃（碧根果）的带壳果实（左）和果仁。原产北美的胡桃科植物，看上去就像是薄壳的核桃。

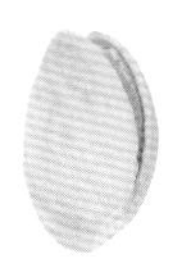

阿月浑子（开心果）的带壳果实（左）和果仁（右）。原产于地中海一带的漆树科植物，剥开外壳后里面绿色的果仁可以食用。

用种子制作而成的产品

在我们的生活当中，哪些东西是用果实或者种子制造出来的呢？一起来找找看吧。

油

为了吸引鸟类和动物过来进食，以及给幼芽的生长提供能量来源，果实和种子都会储存有一定的油脂。人们就利用果实和种子榨油，然后用来制作食用油、化妆品、药品等。

木犀榄

原产于地中海沿岸。用它的果肉榨出的油就是橄榄油，有特殊的香气，是意大利菜中不可缺少的食材。

山茶（p.40）

原产于日本。从带硬壳的种子中提取的山茶油常用于制作发胶和化妆品。

芝麻

很久以前，人们就通过丝绸之路把芝麻带到日本。种子可以食用，也可以榨出芝麻油，是中国菜中常见的食材。

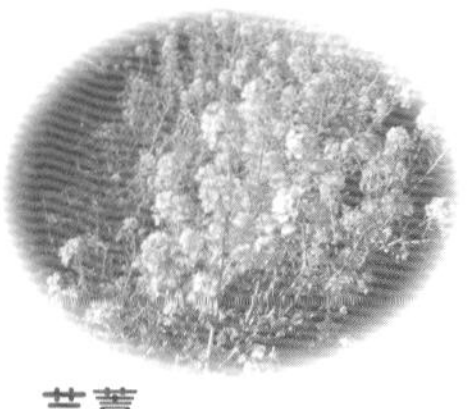

芸薹（油菜等）

种子可以用来榨取食用油（菜籽油）。最近人们还研究用它来做生物燃料。

蜡

蜡也是油脂的一种，常温下是固体形态的。植物生长出来的蜡质除了可以用来做蜡烛，还可以用于药膏和发蜡等。

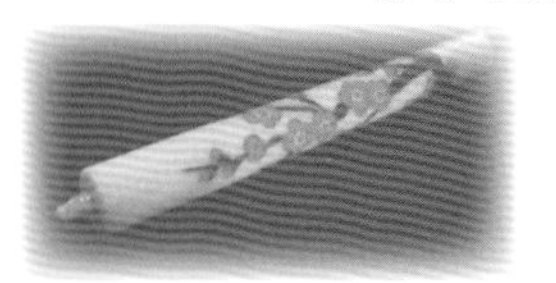

蜡烛

照片中的是用野漆的蜡制作而成的日本传统手工蜡烛。

野漆

果肉的部分含有蜡质。把果实蒸熟之后就可以提取蜡质了。

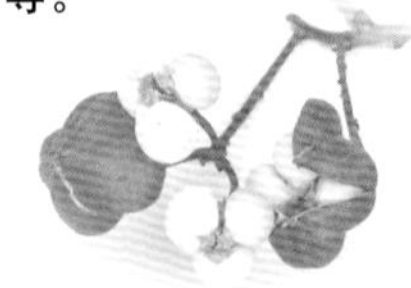

乌桕（p.54）

种子的表面有一层厚厚的白蜡，以前常种植来提取蜡质。

药

从古时候开始，人们就会用植物里的成分来制作药物。

最近，作为高端药物原料，中药材和健康食品都受到了人们的瞩目。

八角

八角的果实含有独特的香味，是中国菜里的常用香料。也是流行性感冒药——达菲的原材料。

枸杞 (p.78)

晒干的枸杞果实可以作为药材用来做菜。还可以放进酸奶里一起吃。有滋补养生、防止老化的作用。

枣

生吃的时候会有类似苹果的味道。枣干可以用来制作点心或者药膳。有防止老化、安神舒缓的效果。它的种子也是一种药材。

葛枣猕猴桃（木天蓼）虫瘿

由葛枣猕猴桃（p.95）的花蕾长成的虫瘿。用它泡的酒有滋补养生的效果，对手脚冰冷有很好的疗效。

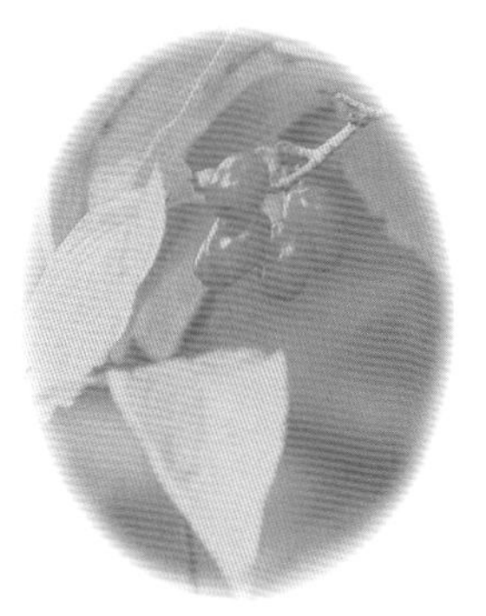

山茱萸

在秋天成熟的红色果实味道酸甜，带有些微的苦涩。晒干的果肉是一种药材，可以用于治疗头晕和耳鸣等。

梅

梅干是日本特有的健康食品。在梅子完全成熟之前，把青绿色的果实摘下来用盐腌制之后再晾干，就做成了梅干。中国还会把熏制过的黑色梅子用作药材。

世界各地的种子

世界上有许多不可思议的种子呢！
让我们来看看有哪些有趣的种子吧。

夏栎

欧洲森林的代表性品种，可以生长成树龄超过1000年的大树。橡子长度为3厘米左右。

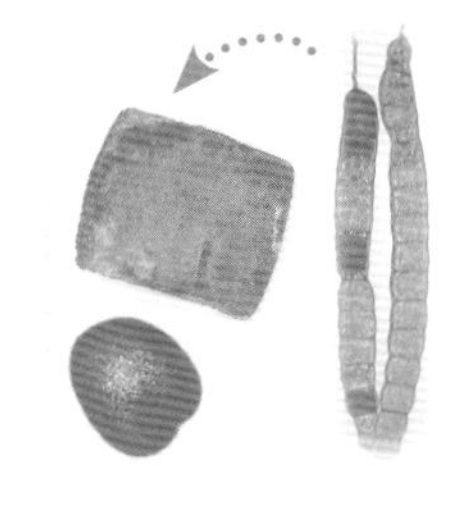

榼藤

长达1米的巨大豆荚可以分解成一节一节地在海上漂流，然后在遥远的海边上岸生长。广泛分布于从非洲到亚洲的热带至亚热带区域。

香苹婆

大大的红色果实裂开后，就露出了里面的黑色种子。一个果实有7～10厘米大。

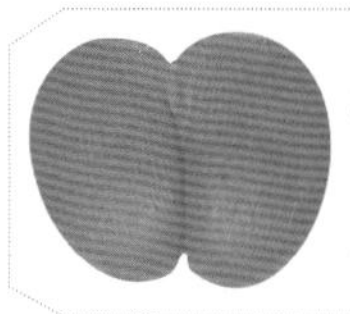

海椰子

世界上最大的种子。记录上最大的个体直径有30厘米，重达20千克。

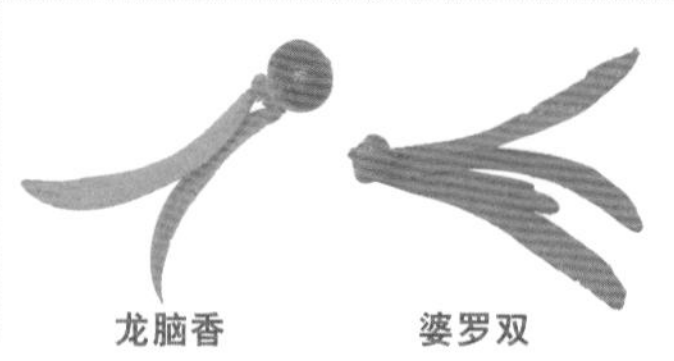

龙脑香

龙脑香家族

热带雨林里的巨大树木。果实有薄翅，能在空中旋转。加上薄翅长度有10～20厘米。

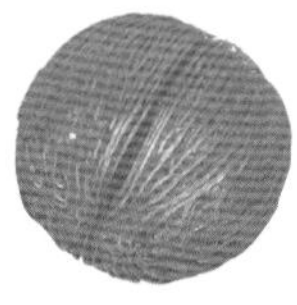

海檬树

种子直径10厘米。可以在海上漂流，旅行到几千千米外的地方。

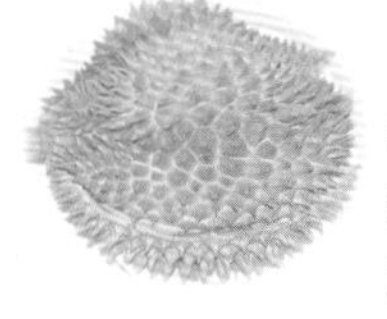

榴莲

果肉美味，但也有一股奇怪的恶臭。是森林里的猩猩的食物，也被很多人喜爱。直径20厘米。

翅葫芦

热带雨林里的藤本植物。果翅宽达15厘米。种子可以随风飞到100米的高空。

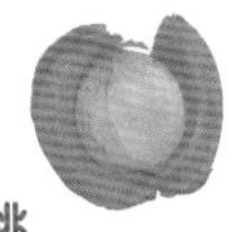

山核桃

胡桃科的坚果。秋天时会被老鼠和松鼠搬走埋起来。带壳的果实直径为3厘米。

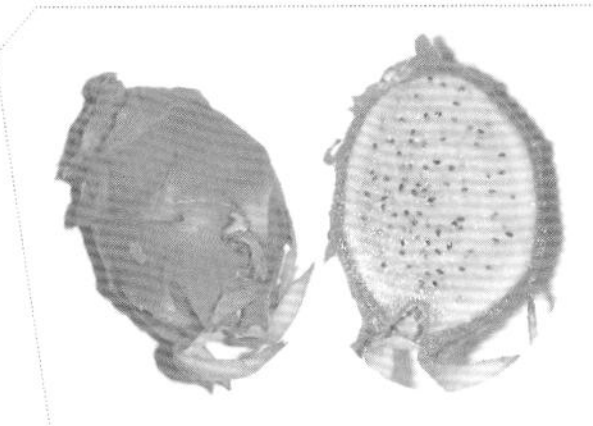

火龙果

仙人掌科植物的红色甜美果实。果蝠会把果实吃掉然后传播种子。直径10～15厘米。

角胡麻

又叫“魔鬼之爪”。长5～7厘米的巨大钩刺会扎进动物的脚上，然后被带到其他地方。

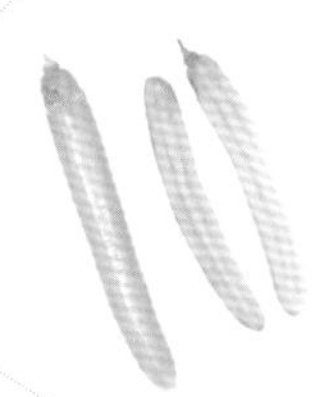

蜡烛树

树枝上垂挂着蜡烛般的黄色果实，有甜甜的香味。大的果实可以长到120厘米长。

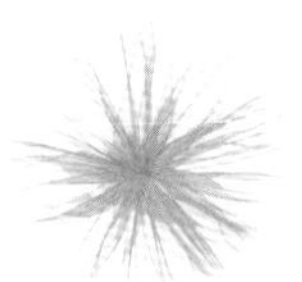

老鼠艻

生长在亚热带海滨沙地，果序在风中翻滚之际，就把种子播散开来，果序直径约30厘米。

班克西木

大型的聚合果。果实在被山火燃烧后会裂开，让里面的种子散播出去。纵长有10厘米左右。

桉树家族

是澳大利亚特有的植物，一共500个以上的种类，有形状大小各式各样的果实。

索引

后记

无法行动的植物会以种子的形态进行一次生存之旅呢。树妈妈会给种子准备好营养便当，然后把它送上旅途。有时候还会把它放进称为果实的容器里，或者给它装上翅膀，或者交给它漂浮的道具，或者给它裹上漂亮的果皮和美味的果肉，再送它离开。就这样，有些种子能够借助风或水的力量移动，有些种子会特意让动物们吃进肚子里，它们用不同的方式跟树妈妈告别，踏上自己的旅程，寻找自己的生存之地。

这本书介绍了各种大家能够实际拿到手仔细观察的植物果实，有在家附近和公园里就能看到的植物，还有一些就生长在近郊山林里的植物。大家可以用本书的照片作为线索，在路边找一找书中的植物。我本人也很喜欢收集果实和种子，捡到果实和种子之后就会雀跃不已地给它们拍照片、切开研究它们的结构、观察它们的飞翔方式、测定它们的长度等等（本书中的大部分内容都是根据我自己的测量结果和观察经验写出来的）。用自己的双眼去观察，用自己的双手去研究，就是科学世界的入门基础。希望大家看完本书之后，能够在游戏的同时感受到植物们那巧妙的构造和神奇的传播手段！然后默默守护着花朵们孕育出种子，再目送种子们踏上冒险之旅吧！

最后，请允许我在此真诚感谢为本书添加了有趣插画的江口明美小姐、帮我拍了无数张栗子和樱桃等水果纵切面照片的北村治先生、东京大学附属植物园的邑田仁教授和馆野正树副教授、摄影师平野隆久先生、文一综合出版社的志水谦祐先生、g.Grape的矢野杏小姐等等。正因为你们或有形或无形的帮助，本书才能顺利完成，再次感谢各位的支持！

图书在版编目(CIP)数据

多样的植物种子 /(日)多田多恵子著 ; 张梦思,雨晴译. -- 北京 : 中国林业出版社, 2017.2
(爱自然巧发现)
ISBN 978-7-5038-8910-3

Ⅰ. ①多… Ⅱ. ①多… ②张… ③雨… Ⅲ. ①植物-青少年读物 Ⅳ. ①Q94-49

中国版本图书馆CIP数据核字(2017)第022028号

助理编辑/设计 g.Grape株式会社

插图 江口明美

照片提供 北村治(果实横切面照片)、泽田和美(腰果)、铃木晴美(胭脂树)、简井千代子(山毛榉)、平野隆久(蒙古栎)

资料提供 石田厚、川内野姿子、草原真知子、近藤尧子、前园泰德

采访协助 东京大学研究生学院理科系研究所附属植物园(小石川总园区・日光分园区)、北区亲近自然情报馆、美浓加茂市民博物馆、广濑美惠子

参考文献 《身边的植物果实与种子手册》多田多惠子 著(文一综合出版)、《种子们的智慧》多田多惠子 著(NHK出版)、《植物生态图鉴》多田多惠子・田中肇 著(学研教育出版)、《照片中的植物用语》岩瀬徹・大野启一 著(全国农村教育协会)、《日本的野生植物 木本植物1-2》佐竹义辅 等著(平凡社)、《开在树上的花 1-3》茂木透 等著(山与溪谷社)、《草木染》山崎和树 著(山与溪谷社)、《图说植物用语辞典》清水建美 著(八坂书房)、《高等植物分类表》邑田仁・米仓浩司 著(北隆馆)、《散播种子》中西弘树 著(平凡社)

多样的植物种子

出　版 中国林业出版社(100009 北京西城区德内大街刘海胡同7号)
网　址 http://lycb.forestry.gov.cn
电　话 (010) 83143580
发　行 中国林业出版社
印　刷 北京雅昌艺术印刷有限公司
版　次 2017年6月第1版
印　次 2017年6月第1次
开　本 787mm×1092mm 1/32
印　张 4
字　数 100千字
定　价 32.00元